CONTRIBUTION

A L'ÉTUDE CHIMIQUE DES

PIGMENTS BILIAIRES

EN COPROLOGIE

PAR

VICTOR BORRIEN

Pharmacien de 1re classe,
Ex-interne des Hôpitaux de Paris.

PARIS

IMPRIMERIE LEVÉ

17, RUE CASSETTE

—

1911

CONTRIBUTION

A L'ÉTUDE CHIMIQUE DES

PIGMENTS BILIAIRES

EN COPROLOGIE

PAR

Victor BORRIEN

Pharmacien de 1re classe,
Ex-interne des Hôpitaux de Paris.

PARIS
IMPRIMERIE LEVÉ
17, RUE CASSETTE
—
1911

A

Monsieur le Docteur L. Grimbert

Professeur à l'Ecole Supérieure de Pharmacie de Paris
Pharmacien en chef des Hôpitaux
Directeur de la Pharmacie Centrale des Hôpitaux de Paris.

Hommage respectueux

A mes amis

Monsieur H. Carrion
Ancien interne des Hôpitaux de Paris
Pharmacien de 1re classe.

Monsieur le Docteur L. Hallion
Ancien interne des Hôpitaux de Paris
Profes. remplaçant au Collège de France

Témoignage de ma plus vive gratitude.

INTRODUCTION

Depuis quelques années, la Coprologie tend à prendre rang dans les analyses biologiques courantes, au même titre que l'Urologie. C'est en Allemagne qu'ont été inaugurés les premiers travaux sur cette question et établies des méthodes d'examen auxquelles, jusqu'ici, bien peu de modifications furent apportées.

Les manipulations assez désagréables que nécessitent ces sortes d'analyses ont peut-être été les seules causes pour lesquelles nos chimistes négligèrent si longtemps de s'y adonner, car il est à remarquer que la plupart des travaux concernant ce sujet sont l'œuvre de cliniciens. Tout en rendant hommage à leur science et à leur bonne volonté, on est bien obligé, je crois, de reconnaître que, si certains parmi eux publièrent des recherches intéressantes, d'autres, au contraire, eussent été mieux inspirés en demandant aux laboratoires de chimie biologique de coopérer à leurs études. L'interprétation clinique des résultats obtenus avec les réactions nouvelles, aurait ainsi gagné à cette collaboration, dans laquelle chacun apportait sa compétence.

Par contre, un récent travail de mon confrère, M. Rousselet (1), échappe à ce reproche. Cet auteur, dans une thèse bien documentée, a donné une méthode très claire et très précise de dosage des graisses, permettant d'en déterminer exactement l'utilisation après repas d'épreuve.

Je souhaiterais que mon travail sur les pigments biliaires et leurs produits de transformation dans les fèces apportât aux cliniciens des éléments d'étude aussi importants.

La question des pigments biliaires en Coprologie exposée assez longuement par MM. Schmidt et Strasburger (2) (1901-

---

(1) ROUSSELET. Chim. intest. des graisses alimentaires et leur dosage en Coprologie. *Thèse de Paris*, 6 mai 1909.

(2) SCHMIDT et STRASBURGER. Die Fœces des Meschen, etc. (Berlin, 1901-1902).

1902), puis par Steensma (1) (1907), fut, en France, l'objet d'un premier article intéressant de MM. Chauffard et Rendu (2) (1907). L'année suivante, MM. Gilbert et Herscher (3) publièrent un travail plus complet et plus approfondi sur la stercobiline (1908). Je dois citer aussi les récentes et curieuses recherches de M. Triboulet (4) (1909); ce sont elles qui m'inspirèrent le sujet de cette thèse. D'autres publications, faites en dehors de celles que je viens de mentionner, seront rappelées dans le cours de cette étude.

Voici le plan que j'ai suivi : Après avoir donné quelques indications utiles sur les pigments biliaires, je parle de leur origine. L'étude de la relation entre le pigment sanguin et le pigment biliaire me fournira l'occasion de préciser peut-être leurs rapports de parenté, par la mise en évidence dans le méconium, d'un composé intermédiaire : l'hématoporphyrine. J'exposerai ensuite les différents stades de transformation qu'ils subissent dans l'intestin. J'aborderai enfin la partie essentielle de mon travail, c'est-à-dire : l'étude des méthodes de recherches qualitatives des pigments dans les matières fécales. Je ferai une revue critique des procédés qui sont utilisés actuellement en Coprologie et j'indiquerai quelques inconvénients que j'ai cru reconnaître chez certains d'entre eux, avec les modifications que je jugerai utile de leur apporter.

J'ajoute, qu'il m'a paru plus rationnel de diviser les pigments biliaires : en pigments primitifs et pigments réduits. J'ai préféré cette appellation à celle déjà donnée de pigments modifiés et pigments non modifiés. La biliverdine, en effet, n'est-elle pas considérée comme pigment initial? Cependant, c'est un pigment modifié, puisqu'elle dérive de la bilirubine par oxydation; elle devrait alors entrer dans la catégorie des pigments modifiés. Il vaut donc mieux admettre, comme pigments primitifs, ceux qui sont déversés

---

(1) STEENSMA. Uber die Untersuch. der Fäzes auf Urobiline (*Nederl. Tjdsc. vor Geneeskunde*, janvier 1907).

(2) CHAUFFARD et RENDU. L'urobiline fécale et sa valeur clinique (*Presse médicale*, 28 août 1907).

(3) GILBERT et HERSCHER. De la Stercobiline (*Presse médicale*, n° 69, août 1908).

(4) TRIBOULET. Exploration clinique des voies biliaires et de l'intestin par la réaction du sublimé acétique sur les selles (*Bul. de la Soc. de l'Int. des Hôp. de Paris*, n° 7, juillet 1909).

directement dans l'intestin; à partir du moment où ils entrent dans cet organe, ils subissent normalement des transformations pour former des pigments réduits. A propos de ces derniers, je dois dire que j'ai supposé qu'il était tout à fait inutile de refaire l'exposé complet des théories de certains auteurs sur l'urobiline et la stercobiline. Je suis de ceux qui considèrent ces deux corps comme identiques, car dans le cours de mes expériences, j'ai toujours constaté que leurs propriétés étaient rigoureusement les mêmes.

D'ailleurs, ce sujet a été suffisamment développé dans deux thèses de médecine sur l'urobiline, l'une de M. Herscher (1) (1902), l'autre de M. Lemaire (2) (1905): on y trouve une bibliographie très complète, qu'il était superflu de reproduire ici.

J'ai adopté la dénomination d'hydrobilirubine pour désigner l'urobiline fécale ou stercobiline; et j'ai donné, pour mémoire, les formules chimiques qui sont généralement attribuées aux différents pigments.

Je ne veux pas aborder mon sujet, sans adresser à mon honoré Maître, M. le Professeur Grimbert, mes très vifs remerciements pour la grande bienveillance qu'il a bien voulu me témoigner. Sous sa haute direction, j'ai pu conduire à bien mes recherches, grâce aux précieux encouragements que j'ai trouvés près de lui.

Je n'oublierai pas non plus, mes amis dévoués, MM. Hallion et Carrion, à qui je dois tant; ils me permettront de leur dire combien je leur suis reconnaissant.

J'exprime toute ma gratitude à M. le Docteur Triboulet, près de qui j'ai trouvé l'accueil le plus affable et qui a mis si aimablement à ma disposition ses petits malades de l'Hôpital Trousseau.

Je remercie aussi mon excellent ami, M. le Docteur Daunay, chef de clinique, à la Clinique Tarnier, car c'est grâce à son obligeance que j'ai pu déceler l'hématoporphyrine dans le méconium.

Je n'aurais garde d'oublier mon ami M. le Docteur Herscher, dont les travaux m'ont été fort utiles; et tous ceux enfin dont j'ai reçu les encouragements.

(1) HERSCHER. Origine rénale de l'Urobiline. *Thèse de Paris*, 1902.
(2) LEMAIRE. L'Urobiline, sa valeur sémiologique. *Thèse de Paris*, 1905.

CHAPITRE PREMIER

Les pigments de la Bile normale.

———————

La bile est depuis longtemps, pour les physiologistes, la source de nombreux et intéressants travaux ; aussi le nombre des publications faites à son sujet forme-t-il une bibliographie des plus importantes.

Ce liquide, élaboré par le foie dans le réseau biliaire, est collecté dans des canaux plus importants qui aboutissent au canal cholédoque, lequel se déverse dans le duodénum à l'ampoule de Vater, en donnant naissance auparavant à une ramification, le canal cystique qui conduit à la vésicule biliaire. La bile existe déjà avec tous ses caractères chez le fœtus et cette sécrétion précède toutes les sécrétions des organes digestifs, celles-ci ne commençant à se manifester qu'après la naissance.

Le rôle important que joue la fonction biliaire dans l'ensemble des phénomènes digestifs, justifie l'intérêt qui s'attache à la détermination des pigments biliaires dans les matières fécales, chez le sujet sain et chez les malades.

Je laisserai donc de côté tout ce qui a trait à l'action de la bile dans la digestion, pour suivre uniquement l'évolution et la transformation des pigments dans l'appareil digestif.

La bile de l'homme, sous une faible épaisseur, est jaune d'or ; en masse, elle est jaune orangé et au contact de l'air, elle devient rapidement verdâtre. La coloration de la bile, due aux pigments qu'elle renferme, est extrêmement variable ; elle fut même l'objet de nombreux travaux. Pisenti (1) l'observa dans les différents états fébriles ; Létienne (2), plus récemment, constata que, même à l'état pathologique, le plus souvent elle conserve sa couleur normale. Enfin

(1) Pisenti. *Archiv. per la Scienze Mediche*, n° 10, 1885.
(2) Létienne. De la bile à l'état pathologique. *Thèse de Paris*, 1891.

Hanot (1) étudia tout spécialement des cas de bile apig-mentée ; mais ce sont là des faits extrêmement rares.

La bile humaine, examinée au spectroscope, ne présente pas de bandes d'absorption caractéristiques ; cependant Mac Munn (2) signale comme particularité, quatre bandes d'ab-sorption dans la bile du bœuf et du mouton, il les attribue à la présence de la *cholohématine*.

La cholohématine a été isolée par Mac Munn en agitant, avec du chloroforme, la bile de bœuf ou de mouton débar-rassée du mucus. L'extrait chloroformique laissait, après évaporation, un résidu de couleur verte, soluble dans l'al-cool. Les quatre bandes du spectre de la cholohématine sont d'après l'auteur disposées ainsi :

$$\alpha, \lambda = 649 \qquad \beta, \lambda = 613 - 585 \qquad \gamma, \lambda = 577 - 561 \qquad \delta, \lambda = 537 - 521.$$

Les agents réducteurs transformeraient la cholohématine en hémochromogène, dont le spectre est caractérisé par deux bandes : α très nette et sombre, entre D et E, β plus large et plus pâle, placée sur D et sur E.

Dastre (3) affirme son acidité, quoique les auteurs s'accor-dent généralement pour lui attribuer une réaction neutre. Elle n'est pas toxique dans l'intestin ; mais elle l'est dans le sang, Bouchard (4) impute cette toxicité en grande partie aux pigments, fait qui a été vérifié depuis.

La composition chimique de la bile a été maintes fois étudiée ; mais c'est surtout à Demarçay (5) et à Strecker que l'on doit des éclaircissements sur la question. Ses consti-tuants les plus caractéristiques forment deux groupes prin-cipaux : sels biliaires et pigments biliaires ; à ces éléments s'ajoutent une nucléo-prôtéïde, de la cholestérine, différents sels de potasse, de chaux, de soude et même de fer, des chlorures et des phosphates.

Seuls, les pigments devant faire l'objet de ce travail, je vais donc rappeler les notions principales qui les concer-nent. On distingue tout d'abord, deux matières colorantes initiales : la bilirubine et la biliverdine, auxquelles peuvent

---

(1) HANOT. *Sem. médic.*, 1895.
(2) MAC MUNN. *Journ. of physiol.*, VI, p. 22-39.
(3) DASTRE. *Diction. de Physiol.*, II, 1897.
(4) BOUCHARD. *Leçons sur les auto-intoxications*, 1887.
(5) DEMARCAY. *Ann. de Chim. et de Physiol.*, LXVII, p. 177.

s'ajouter des pigments secondaires ; ceux-ci, dérivant des deux premiers, considérés du reste comme pigments fondamentaux.

Les pigments biliaires sont insolubles dans l'eau, mais ils existent à l'état de solution dans la bile, grâce à la présence des sels alcalins, avec lesquels ils forment des combinaisons. « La bile, dit Arthus (1), ne contient ni bilirubine ni biliverdine, mais les combinaisons salines de ces deux pigments. »

Nous verrons ultérieurement comment les pigments biliaires sont liés au pigment sanguin, dont ils dérivent. Ils existent chez tous les vertébrés, hormis l'amphioxus. Ceci, déjà, semble être une preuve indiscutable de leur relation avec les globules rouges du sang; les êtres inférieurs, en effet, à sang incolore, ne possèdent pas de pigments biliaires.

Du foie, qui est le centre de formation de la bile, les pigments biliaires s'éliminent, dès la vie foetale, par deux voies : l'intestin et le sang. MM. Gilbert et Herscher (2) affirment que la voie intestinale, bien qu'étant largement ouverte à l'élimination, celle-ci s'opère en grande partie par la voie sanguine ; tandis que chez l'adulte, c'est le fait inverse qui se passe : l'intestin devient le principal collecteur de l'élimination biliaire.

Voici donc comment on conçoit actuellement le cycle parcouru par les pigments de la bile, depuis leur origine jusqu'aux stades de leur transformation. La matière colorante du sang est tout d'abord transformée par le foie en bilirubine; celle-ci s'élimine par deux voies : a par l'intestin, b par le sang, en très faible quantité, nous ne nous en occuperons pas. Dans l'intestin, la bilirubine passe à l'état de biliverdine par oxydation ; elle subit ensuite comme nous le verrons plus loin, des phénomènes de réduction, pour devenir d'abord de l'hydrobilirubine et ensuite du chromogène de l'hydrobilirubine.

En définitive, nous aurons à considérer, en premier lieu, les pigments primitifs : la bilirubine et la biliverdine, ensuite les pigments réduits : l'hydrobilirubine et le chromogène de

(1) Arthus. Précis de Chim. physiol., p. 245, 1908.
(2) Gilbert et Herscher. La Cholémie physiologique. (Presse médicale mars et avril 1906.)

l'hydrobilirubine, auxquels j'ajouterai les hydrobilirubinates alcalins, que je crois être le premier à signaler dans les selles.

PIGMENTS PRIMITIFS

La bilirubine. — La bilirubine, pigment initial, répondrait à la formule $C^{32}H^{36}Az^4O^6$, donnée par Maly (1) et acceptée par Staedeler. Sa composition est identique à celle de l'hématoïdine, ce dérivé de l'hématine que l'on rencontre dans les foyers hémorragiques anciens. Elle se trouve, dans la bile, à l'état de combinaison alcaline soluble dans l'eau et dans les alcalis, insoluble dans le chloroforme. Elle peut facilement être mise en liberté par les acides ; elle devient alors soluble dans le chloroforme, assez soluble dans le sulfure de carbone et l'alcool amylique, mais peu soluble dans l'alcool éthylique. On a pu l'obtenir cristallisée, sous forme de tablettes rhombiques, avec des angles obtus, souvent arrondis.

Les radiations du spectre sont entièrement absorbées par ses solutions et l'absorption croît régulièrement du rouge vers le violet. Elle est peu abondante dans la bile, mais son pouvoir colorant est extrêmement puissant. A. Gautier (2) dit qu'une solution chloroformique à 1/500.000, sous une épaisseur de un centimètre et demi, paraît encore colorée.

La bilirubine a une fonction acide monobasique, elle s'unit aussi bien aux bases alcalines, qu'aux bases alcalino-terreuses et aux bases métalliques ; elle donne naissance à des bilirubinates avec élimination d'une molécule d'eau.

Les agents réducteurs peuvent la transformer en hydrobilirubine.

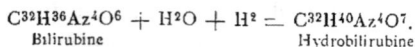

$$C^{32}H^{36}Az^4O^6 + H^2O + H^2 = C^{32}H^{40}Az^4O^7.$$
Bilirubine $\qquad\qquad\qquad\qquad$ Hydrobilirubine

Par oxydation, au contraire, elle donne naissance à de la biliverdine.

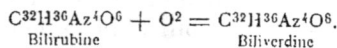

$$C^{32}H^{36}Az^4O^6 + O^2 = C^{32}H^{36}Az^4O^8.$$
Bilirubine $\qquad\qquad$ Biliverdine

La bilirubine a été donnée comme identique à l'hématoï-

(1) MALY. *Bul. de la Soc. de Chim.*, X, p. 496, XXIV, p. 227.
(2) A. GAUTIER. *Leçons de Chimie biologique*, p. 561, 1897.

dine ; ce rapprochement contesté par Holm (1), est cependant encore admis aujourd'hui. Il faut dire que l'hématoïdine de Holm n'était pas semblable à l'hématoïdine signalée d'abord par Everard Home et décrite par Virchow. Holm obtenait la sienne, en partant des corpuscules jaunes ou rouges des ovaires de la vache ; tandis que l'hématoïdine de Virchow était retirée des foyers hémorragiques anciens.

Les propriétés essentielles de la bilirubine et de l'hématoïdine peuvent se comparer ainsi :

HÉMATOÏDINE	BILIRUBINE
Elle cristallise en aiguilles appartenant au type clinorhombique.	Elle cristallise sous forme de tablettes rhombiques.
Elle ne se combine pas avec les alcalis.	Elle se combine et se dissout dans les alcalis en donnant des bilirubinates.
Sa solution dans le sulfure de carbone est douée d'une couleur rouge vif.	En solution dans le sulfure de carbone, elle lui communique une couleur jaune.
Elle assombrit fortement le spectre du vert au violet.	L'absorption du spectre est croissante du rouge vers le violet.

Si on ne conclut pas à l'identité absolue de la bilirubine et de l'hématoïdine, on peut néanmoins admettre que ce dernier corps qui dérive de l'hémoglobine du sang, est très voisin du pigment biliaire.

La biliverdine. — $C^{22}H^{36}Az^4O^8$. Ce pigment s'obtient facilement par simple agitation de la bile à l'air, l'action oxydante s'opère lentement sur la bilirubine. Elle existe comme celle-ci, dans la bile, à l'état de combinaison alcaline soluble dans l'eau. La biliverdine, au contraire, à l'état naturel, est insoluble dans l'eau et le chloroforme, mais très soluble dans l'alcool.

Elle absorbe toutes les régions du spectre, quand on l'examine en solution étendue, mais on admet qu'en solution concentrée, elle ne laisse passer que les rayons verts, en donnant, sous une certaine épaisseur, deux bandes : une en avant de D, l'autre entre D et E, encadrées de deux plages sombres à chaque extrémité du spectre.

Elle a aussi une fonction acide monobasique, s'unissant aux bases aussi facilement que la bilirubine.

---

(1) HOLM. *Bul. de la Soc. de Chim.*, VIII, p. 60, 1867. — WURTZ. *Diction. de Chim.*, II, p. 9, 1876.

En présence de l'hydrogène naissant, elle peut donner naissance comme celle-ci à de l'hydrobilirubine.

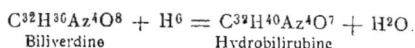

$$C^{32}H^{36}Az^4O^8 + H^6 = C^{32}H^{40}Az^4O^7 + H^2O.$$
Biliverdine   Hydrobilirubine

En dehors de la bilirubine et de la biliverdine, on cite encore les pigments suivants : la bilifuscine, la biliprasine, la bilicyanine ou cholécyanine et la cholétéline. C'est Staedler [1], qui le premier apporta un peu d'ordre dans la description de ces matières colorantes de la bile, encore peu connues jusqu'à lui.

La bilifuscine. — ($C^{32}H^{40}Az^4O^8$) découverte par Staedler [2], est un pigment bien peu étudié. Il résulterait de l'hydratation de la bilirubine. Son caractère principal, serait de ne pas donner la réaction de Gmelin.

La biliprasine [3]. — La biliprasine, dont la formule correspondrait à $C^{32}H^{44}Az^4O^{12}$, serait obtenue par hydratation et oxydation de bilirubine. Elle offrirait cette particularité, de donner une combinaison alcaline (biliprasinate) de couleur jaune, le pigment étant lui-même vert. Maly l'identifie à la biliverdine, dont elle se rapproche par ses propriétés chimiques. Elle existerait dans les calculs biliaires de l'homme et dans les biles vertes du veau et du bœuf.

La bilicyanine. — La bilicyanine, nommée encore cholécyanine, et décrite par Stokvis [4], forme un des premiers termes de l'oxydation des pigments ; elle correspond à la coloration bleue de la réaction de Gmelin.

Parmi les pigments bleus deux autres ont été signalés : le pigment bleu de Ritter et le pigment bleu d'Andouard. Ce dernier a été retiré du liquide provenant de vomissements contenant de la bile. Il serait soluble dans l'eau bouillante, en donnant une fluorescence rouge.

La cholétéline [5]. — Ce pigment résulte de l'oxydation extrême de la bilirubine et correspond à la coloration jaune de la réaction de Gmelin.

Pendant un certain temps, la cholétéline, fut confondue

(1) STAEDLER. *Viertelj. d. nat. Gesels. in Zurich*, VIII, 1863.
(2) STAEDLER. *Ann. der Chim. und Pharm.*, CXXXII, p. 123, 1864.
(3) DASTRE. *Diction. de Physiol.* (article Bile), p. 187, 1897.
(4) STOKVIS. *Zentralbl. f. méd. Wiss.* 1872.
(5) NEUBAUER et VOGEL. *Analyse des Harns*, p. 545, 1898.

avec l'urobiline. Heinsius et Campbell soutinrent cette théorie, défendue également par Stokvis. Mais Liebermann démontra facilement que la différence entre les deux pigments
existait bien, puisqu'il parvenait à obtenir de l'urobiline en
partant de la cholétéline. Si l'identité avait été établie d'une
façon indiscutable, elle aurait eu pour conséquence cette
particularité intéressante : c'est qu'en partant de la bilirubine, on pouvait arriver à l'hydrobilirubine, par des phénomènes d'oxydation ; tandis qu'il est démontré que c'est par
des processus de réduction qu'on y parvient.

Cette hypothèse n'aurait pu, du reste, être exprimée chi-
miquement, qu'en supposant à un moment donné le dédoublement de la cholétéline en deux molécules, la cholétéline
étant beaucoup plus oxydée que l'hydrobilirubine.

Le seul caractère important, qui puisse les rapprocher,
c'est la bande d'absorption entre F et b, que présente le
spectre de la cholétéline, celle-ci étant en solution dans
l'alcool acidifié ; mais en solution neutre, cette bande est
absente, de plus, la cholétéline ne donne pas la fluorescence
avec les sels de zinc.

Ces dernières matières colorantes, de la bilifuscine à la
cholétéline, caractérisées pour la plupart d'après des réactions
chimiques d'oxydation et d'hydratation, ne se rencontrent pas
dans les matières fécales ; pour ma part dans les nombreuses analyses que j'ai faites, je n'ai jamais eu l'occasion de
les déceler. Cependant je signale, pour mémoire, que M. R.
Gaultier (1) cite la cholécyanine comme pigment existant

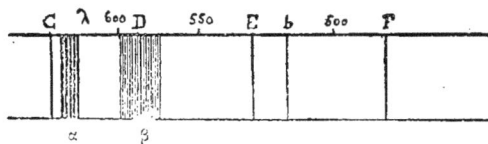

Fig. 1. — Spectre de la Cholécyanine.

quelques fois dans les matières fécales. Schmidt et Strasburger, (2) l'avaient précédemment indiquée, en donnant
comme moyen de la déceler, l'action du chlorure de zinc
ammoniacal sur l'extrait alcoolique des matières fécales.

(1) R. Gaultier. *Précis de Coprol. clinique*, 1907.
(2) Schmidt et Strasburger. *Die Fæces des Menschen* (Berlin, 1902).

La cholécyanine, comme nous l'avons déjà vu, est le produit intermédiaire entre la biliverdine et la cholétéline. Elle se caractérise par son spectre à deux bandes : la plus large et la plus faible est à cheval sur D, la plus sombre et la plus étroite, est entre C et D près de C.

Je me range à l'avis de Fr. Müller, qui ne croit pas à son existence dans les selles et qui attribue sa formation à une modification de la biliverdine, artificiellement déterminée par les réactifs.

En effet, si, dans une solution alcoolique de biliverdine, on ajoute une goutte d'acide azotique, il se produit rapidement une coloration bleue, ce qui indique la transformation de la biliverdine en cholécyanine ; celle-ci se reconnaît aussitôt à son spectre. L'oxydation s'accentuant, ce terme disparaît assez vite, pour faire place successivement aux autres pigments plus oxydés.

CHAPITRE II

Origine du Pigment biliaire. — Relation avec le Pigment sanguin.

L'HÉMATOPORPHYRINE DANS LE MÉCONIUM

Le foie avait toujours été considéré, jusqu'à présent, comme le centre générateur unique, des pigments biliaires. C'est au sein de la cellule hépatique, que le globule sanguin, détruit et modifié, devient bilirubine.

Aujourd'hui, la physiologie, par de nouvelles conceptions, admet l'intervention des hémolysines dans la destruction du globule rouge. Un travail très récent de M. J. Troisier (1), que je ne puis me permettre, ni de discuter, ni de critiquer, attribue aux hémolysines des transformations de l'hémoglobine, au sein même des vaisseaux sanguins, dans certains cas pathologiques (ictères d'origine hématique), analogues aux transformations locales qui s'opèrent dans les épanchements sanguins.

Dans l'un et dans l'autre cas, les hémolysines présenteraient les caractères des anti-corps; elles auraient une action destructive complète sur les hématies, ou toutefois elles seraient capables de déterminer des modifications osmotiques des parois du globule rouge, le rendant ainsi plus fragile. Enfin, dans un autre stade, l'hémoglobine se transformerait en bilirubine, puis en un produit de destruction plus complet, l'urobiline.

Le pigment biliaire constitue bien un produit de décomposition de l'hémoglobine, matière colorante du sang. Chi-

---

(1) J. Troisier. Rôle des hémolysines dans la genèse des pigments biliaires et de l'urobiline. *Thèse de Paris*, 1910.

miquement, on explique son origine par les raisons que je
vais indiquer.

a) La destruction du globule rouge et la transformation
de l'hémoglobine, par le plasma sanguin et les tissus,
s'accompagnent de l'élimination de produits résiduels
ayant une constitution très voisine de celle des pigments
biliaires.

b) L'hémoglobine est entièrement détruite dans les extra-
vasats sanguins; à sa place, on retrouve de l'hématoïdine.
L'hématoïdine a été considérée par la plupart des auteurs
comme identique à la bilirubine, dont elle aurait les propriétés. (Voir chapitre des pigments primitifs, Bilirubine).

c) D'après Hoppe-Seyler (1), l'hydrobilirubine peut s'obtenir *in vitro* par l'action de l'acide chlorhydrique et de l'étain,
sur l'hématine, en chauffant doucement au bain-marie. Dans
la première partie de l'opération, il y a formation d'hématoporphyrine; la réduction poussée plus loin transforme l'hématoporphyrine en hydrobilirubine.

Cette réaction peut se traduire par la formule suivante :

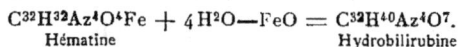

$$C^{32}H^{32}Az^4O^4Fe + 4H^2O - FeO = C^{32}H^{40}Az^4O^7.$$
Hématine Hydrobilirubine

d) L'hématine résulte de la soustraction au pigment sanguin de la matière albuminoïde désignée sous le nom de globine (2); elle se forme sous l'influence d'une action destructive. D'après Morat et Doyon (3), les expériences *in vivo* et
in vitro, permettraient de la considérer comme le noyau
chromogène de la bilirubine.

En présence des acides énergiques, cette hématine abandonne la molécule de fer, elle fixe deux molécules d'eau en
donnant naissance au pigment désigné par Mulder sous le
nom d'hématine sans fer et que Hoppe-Seyler nomma hématoporphyrine.

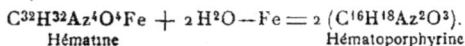

$$C^{32}H^{32}Az^4O^4Fe + 2H^2O - Fe = 2(C^{16}H^{18}Az^2O^3).$$
Hématine Hématoporphyrine

(1) Hoppe-Seyler. *Deutsch. Chem. Geselsch.*, p. 229, 1870. — *Ibid.*,
p. 1065, 1874; *Jahr. der Thierch.*, I, p. 80, 1871.
(2) La globine appartient à la classe des substances protéiques connues
sous le nom d'*histones*. Elle possède cette particularité de ne pas être soluble
dans un excès d'alcali, ainsi que les autres histones.
(3) Morat et Doyon. *Traité de Physiol.* Fonct. de nutrit., p. 346, 1900
(Masson édit.).

Si l'on compare les formules de la bilirubine et de l'hématoporphyrine, on obtient l'équation.

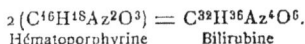

$$2\,(C^{16}H^{18}Az^2O^3) = C^{32}H^{36}Az^4O^6.$$

Hématoporphyrine   Bilirubine

Dastre (1) traduit cette similitude en disant : « cette réaction peut être considérée comme exprimant hypothétique-
ment, mais conformément aux faits connus, la formation du
pigment biliaire aux dépens du pigment sanguin. »

En signalant la présence de l'hématoporphyrine dans le
méconium, ainsi que je vais l'exposer plus loin, j'ai apporté
un nouvel appoint à ces hypothèses chimiques. En effet, cela
permet de suivre pas à pas la transformation du pigment
sanguin : hémoglobine, hématoporphyrine, bilirubine, forment les trois anneaux de la chaîne qui le rattache au
pigment biliaire.

Avant de donner ma méthode d'extraction de l'hématoporphyrine, je résumerai les caractères de ce pigment, dé-
celé, je crois, seulement dans les urines (2); il sera facile
de constater qu'ils sont très rapprochés de ceux que j'attribue à l'hématoporphyrine du méconium.

Suivant Garrod (3) et Saillet, l'hématoporphyrine existerait quelquefois en petite quantité dans l'urine normale de
l'homme ; Stokvis ajoute aussi, dans l'urine du lapin. Elle se
trouve plus fréquemment, ainsi que cela a été prouvé par Mac
Munn, Riva et Zoya (4), dans les urines émises au cours de
certaines maladies, avec ou sans fièvre. Enfin Stokvis,
Salkowski, Hammarsten, Garrod, l'ont observée surtout
dans l'urine excrétée après l'absorption de sulfonal et de
trional. L'hématoporphyrine ainsi obtenue, de l'urine, est
généralement très impure, elle se trouve mélangée à d'autres
pigments, notamment à l'urobiline ; c'est pourquoi ses
caractères, au point de vue spectroscopique, ont été assez
difficiles à préciser.

Elle est presque insoluble dans l'eau, peu dans l'éther,
dans l'alcool amylique et le chloroforme, facilement dans

(1) DASTRE. Diction. de Physiol., II, 1897 (article Bile).
(2) NEUBAUER et VOGEL. Analyse des Urines, revue par le Dr HUPPERT,
p. 557, 1898.
(3) GARROD. Journ. of physiol., XIII, 1893.
(4) RIVA et ZOYA, Gazetta médica di Torino, n° 22, 1892.

l'alcool éthylique, dans les solutions alcalines et dans les acides minéraux étendus. D'après Nencki et Rotschy (1), ses solutions dans l'acide acétique, donnent au bout de peu de temps des cristaux brun rouge, rappelant l'hématoïdine.

Les solutions d'hématoporphyrine obtenue de l'urine, par la méthode de Garrod (précipitation par la lessive de soude), possèdent une belle couleur rouge, avec un reflet bleu. Les solutions faibles rappellent la couleur d'une solution très diluée de permanganate de potasse, les solutions plus fortes sont rouge pourpre ou rouge cerise.

Les combinaisons de l'hématoporphyrine avec les acides minéraux et les métaux, sont dans leurs solutions d'un rouge plus vif, les solutions alcalines sont rouge jaunâtre.

Le spectre de l'hématoporphyrine en nature, ressemble extraordinairement au spectre de l'oxyhémoglobine, mais on le distingue de cette façon : les deux bandes α et β correspondent aux longueurs d'ondes suivantes $α = λ$ 586-570, $β = λ$ 552-533. La bande β est plus foncée et plus étroite que la bande correspondante dans le spectre de l'hémoglobine, son bord droit n'atteint pas jusqu'à E, α est placée près de D et si la bande est plus large, près de C. Garrod, dit qu'en solution très concentrée, on peut percevoir une troisième bande, très étroite et très pâle, entre α et β. Le même auteur indique que l'hématoporphyrine, en solution acide, possède un spectre à trois bandes :

α située sur D, peu foncée, à bords estompés correspondant à $λ =$ 597-587
β large plage sombre, se continuant jusqu'à γ et correspondant à $=$ 576-557
γ bande à bords peu accusés, située dans le vert à $λ =$ 557-541.

Enfin, certains signalent un spectre à quatre bandes pour les solutions d'hématoporphyrine alcalines :

α placée au commencement du rouge, $λ =$ 613-623
β placée dans le vert à bord droit net, $λ =$ 560-597
γ placée dans le vert correspondant à $λ =$ 526-541
δ placée dans le bleu correspondant à $λ =$ 515.

Ces différents spectres sont très sujets à critiques, comme je l'ai dit plus haut, pour la raison que les solutions obtenues par précipitation du pigment dans l'urine, étaient souvent souillées par de l'urobiline ou d'autres pigments de l'urine. Zoya a remarqué aussi, que les solutions alcoo-

---

(1) NENCKI et ROTSCHY. *Monatshefte, f. Ch.*, p. 568, 1888.

liques ammoniacales, après quelque temps, perdaient leur spectre spécial, pour accuser le spectre de l'hématoporphyrine métallique. Du reste, il ajoute que les deux spectres peuvent se montrer en même temps, observation faite dans

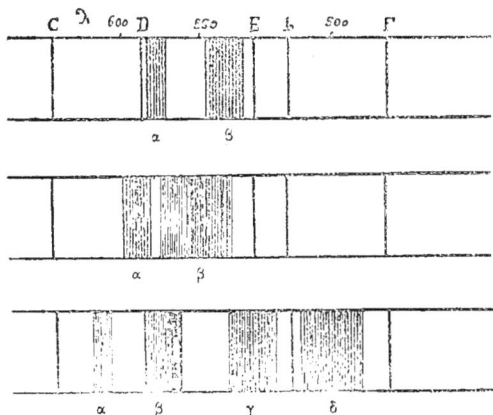

Fig. 2-3-4. — Spectres de l'Hématoporphyrine d'après GARROD.
1. Solution d'Hématoporphyrine, milieu neutre.
2. Solution d'Hématoporphyrine, milieu acide.
3. Solution d'Hématoporphyrine, milieu alcalin.

le même sens par Saillet, quand il prolongeait l'ébullition d'une solution alcaline ammoniacale d'hématoporphyrine.

Avant de poursuivre l'exposé de mes recherches, j'ai à dire quelques mots sur l'hématoporphyrine métallique, dont le spectre serait sensiblement le même que celui de l'hématoporphyrine isolée par moi du méconium.

D'après Nencki et Sieber, auxquels se joignent la plupart des chimistes allemands (1), l'hématoporphyrine en solution alcaline, mise en présence de sels métalliques, formerait avec ceux-ci une combinaison de formule $C^{16}H^{17}MAz^2O^3,H^2O$! Ils ajoutent que les métaux lourds donneraient des combinaisons insolubles, le baryum et le calcium des combinaisons peu solubles; quant aux combinaisons avec les métaux alcalins, elles seraient très solubles.

On obtiendrait alors très facilement le spectre spécial de l'hématoporphyrine métallique en procédant ainsi : dans une

(1) NEUBAUER et VOGEL. Harnalyse (Hämatoporphyrin) § 44; p. 561.

solution alcaline d'hématoporphyrine, il suffirait d'ajouter un peu de chlorure de zinc ammoniacal. Au bout de peu de temps, les quatre bandes données par le liquide alcalin primitif, disparaîtraient pour ne plus laisser voir que les deux bandes, rappelant le spectre de l'oxyhémoglobine.

Rien n'est moins certain que la caractérisation de la combinaison métallique par ce spectre, car Garrod (1), en effet, affirme avoir isolé fréquemment dans les sédiments urinaires, de l'hématoporphyrine, présentant exactement les mêmes bandes que l'hématoporphyrine métallique. La question de ces variétés de spectres, obtenus avec des solutions d'hématoporphyrine dans des milieux différents, demanderait donc à être précisée.

De la présence de l'hématoporphyrine dans le Méconium (2).

Au point de vue des pigments biliaires, le méconium n'a pas été beaucoup étudié. En général, les physiologistes s'accordent à le considérer comme contenant de la bilirubine à peu près pure. Cependant, d'après les nombreuses analyses que j'ai eu l'occasion de faire, j'ai constaté qu'il contenait presque toujours autant de biliverdine que de bilirubine.

Hoppe-Seyler (3), indique lui aussi, la présence de ces deux pigments; ajoutons qu'il conclut à l'absence totale de l'hydrobilirubine.

R.-V. Jaksch (4) déclare avoir eu l'occasion d'analyser une fois le méconium et n'y avoir trouvé que de la bilirubine.

Zweifel (5), qui l'étudia plus complètement au point de vue chimique, observa, en outre, un pigment rouge, qu'il considéra comme un produit d'oxydation. Il conclut de ses analyses que la matière pigmentaire et organique représenterait environ 17,6 p. 100 du méconium.

Guillemonat y trouva également du fer, affirmation que

---

(1) Garrod. *Journ. of Physiol.*, XV, p. 116, 1893; XVII, p. 441, 1895.
(2) Borriex. *C. R. de la Soc. de Biol.*, LXIX, p. 18, 2 juillet 1910; *Journ. de Pharm. et de Chim.*, p. 59, 16 janvier 1911.
(3) Hoppe-Seyler. *Physiol. Chem.*, 1881.
(4) R. V. Jaksch. *Manuel de diagnostic des maladies internes*, 1888.
(5) Zweifel. *Arch. F. Gynaekol.*, 1875, p. 474.

j'ai moi-même confirmée en décelant ce métal dans les cendres.

Ce fer appartiendrait-il à du pigment sanguin incomplètement transformé ou en voie de transformation? Cette hypothèse semblerait assez plausible, d'après l'observation que j'ai faite par la suite et que voici : Le méconium dilué dans l'eau ne donne pas de réaction avec le réactif de Meyer (1). Au contraire, cette dilution étant faite dans l'alcool, j'obtenais, avec le réactif précédent, la coloration rouge, par laquelle on caractérise la présence du sang. Cette coloration était assez fugace; au bout de peu de temps, le liquide pâlissait, devenait jaune orangé, puis incolore.

L'alcool dissolvait donc une substance, insoluble dans l'eau, capable de donner une réaction assez comparable à celle du sang.

Voici maintenant comment j'obtiens le pigment, que, d'après ses caractères, j'ai identifié à de l'hématoporphyrine :

Le méconium est longuement trituré dans un verre à expérience avec de l'acétone. Si la dilution est suffisamment concentrée, on remarque, après filtration, que le liquide jaune ambré obtenu accuse au spectroscope deux bandes : l'une α plus étroite est située près de D; l'autre β, plus large, dont le bord droit s'appuie sur E.

Désireux de mieux caractériser ce pigment, je suis parvenu à l'isoler de la façon suivante. Le méconium étant épuisé plusieurs fois par l'acétone pour en retirer le maximum de produit, je réunis les liqueurs acétoniques et je les évapore au bain-marie à la température de 70 à 80°, de façon à ne pas altérer l'hématoporphyrine, décomposable assez facilement à 100°.

Quand le résidu de l'évaporation ne représente plus que 2 ou 3^{cm3}, j'ajoute environ 100^{cm3} d'eau distillée. Le liquide ainsi obtenu est mis, sans être filtré, dans une ampoule à décantation et agité avec de l'éther (2), doucement, de manière à éviter une émulsion. Je recueille la solution éthérée et je lave plusieurs fois le liquide aqueux par le même pro-

(1) MEYER. *Méth. de rech. du sang par le réact. à la Phénolphtaléine*, 1903.
(2) J'ai employé l'éther, qui cependant est un médiocre dissolvant de l'hématoporphyrine, afin d'éviter d'entraîner des pigments biliaires; ceux-ci etant insolubles dans l'éther.

cédé. Toutes les liqueurs éthérées, réunies, sont filtrées et évaporées au bain-marie.

Le résidu est repris par 2 ou 3^{cm3} d'alcool à 90°. La solution, filtrée, est de couleur jaune ambré, avec un reflet pourpre, si elle contient beaucoup de pigment. Au spectroscope, elle présente alors très nettement les deux bandes signalées précédemment : une petite bande α, correspondant à $\lambda = 565$ à 575, accentuée surtout de 570 à 575; une large bande β, s'étendant de $\lambda = 530$ à $\lambda = 540$ et au delà, ayant son maximum d'intensité vers $\lambda = 535$.

Cette solution alcoolique étant acidifiée avec de l'acide

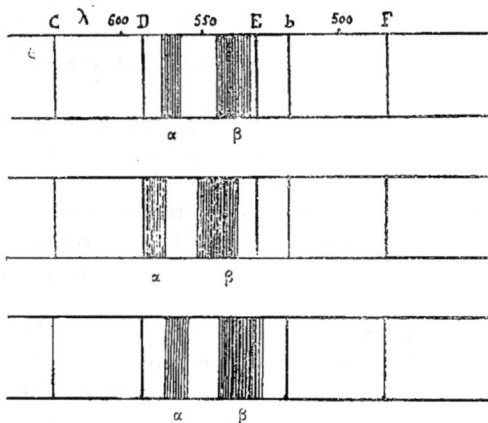

Fig. 5-6-7. — Spectres obtenus avec l'Hématoporphyrine retirée du Méconium.

1. Solution alcoolique neutre d'Hématoporphyrine.
2. Solution alcoolique, acidifiée avec l'acide sulfurique.
3. Solution alcoolique, alcalinisée avec l'ammoniaque.

sulfurique dans la proportion d'une goutte par centimètre cube, donne une modification dans les bandes d'absorption ; α est déplacée vers $\lambda = 590$, se rapprochant ainsi de D; β est également déplacée et s'étend ainsi de $\lambda = 540$ à $\lambda = 550$ et au delà.

De même, si on alcalinise avec une goutte de lessive de soude, les bandes prennent la position suivante: α s'étend de $\lambda = 565$ à $\lambda = 580$ avec son maximum d'intensité vers $\lambda = 570$, le bord droit de β correspond à $\lambda = 535$ plus accentué à $\lambda = 540$.

La solution acide a pris une couleur jaune verdâtre, avec un reflet pourpre, tandis que la solution alcaline est, au contraire, jaune rougeâtre avec le même reflet.

L'étude du spectre étant le seul moyen de caractériser l'hématoporphyrine, je crois pouvoir affirmer que j'avais bien affaire à ce pigment. Les deux bandes, en effet, n'auraient pu être confondues qu'avec celles de l'oxyhémoglobine; mais il ne s'agissait certainement pas de ce dernier pigment, car le traitement que j'avais fait subir au méconium pour l'obtenir écartait cette possibilité; de plus, le spectre que j'obtenais n'était pas modifié par l'addition d'une goutte de sulfhydrate d'ammoniaque. Enfin, la bande β, la plus large, était la plus accentuée et disparaissait la dernière quand on étendait la solution, tandis que dans le spectre de l'oxyhémoglobine, au contraire, la bande α, la plus petite, est la plus foncée.

Une seule chose me paraissait un peu suspecte, c'est que j'obtenais difficilement les quatre bandes signalées par certains auteurs dans les solutions alcalines, mais ceci tient, je pense, à la trop faible concentration de mes solutions et surtout à la nature des liquides employés comme dissolvants.

J'ajoute que dans ces manipulations, j'entraînais encore beaucoup de matières étrangères, surtout des corps gras. Pour purifier davantage le pigment, j'ai évaporé la solution alcoolique neutre au bain-marie.

J'ai repris le résidu par de l'éther de pétrole qui enlevait les matières grasses et laissait un résidu de couleur rouge brun, très soluble dans l'alcool et présentant les deux bandes signalées précédemment. D'autre part, l'éther de pétrole était assez fortement coloré en jaune verdâtre. Cette matière colorante que je n'ai pu séparer de la graisse, avec laquelle elle semblait unie, n'avait aucune action sur le spectre.

Ce fait établi pour l'être, au début de son existence, ne peut-il s'admettre comme existant à tout âge? Il serait plausible, je le crois, de supposer que cette transformation successive du pigment sanguin, d'abord en hématoporphyrine et ensuite en bilirubine est une des fonctions essentielles du foie.

La confirmation de ce que j'avance ici, peut en quelque sorte être appuyée par les faits suivants: MM. Wertheimer et Meyer (1) ont signalé dans la bile normale de jeunes chiens, un spectre à deux bandes analogue au spectre de l'hémoglobine. L'addition de sulfure d'ammonium au liquide ne modifiait pas le spectre, les alcalis étaient également sans action.

A ce pigment, qui n'était ni de l'hémoglobine, ni de la méthémoglobine, MM. Wertheimer et Meyer donnèrent le nom de cholométhémoglobine.

Ce spectre particulier, que peut présenter la bile, semblable à celui de l'hémoglobine, n'a pas été seulement caractérisé chez le chien, on le retrouve également dans certaines biles humaines. M. Tissier, en indiquant cette particularité, émet un doute sur son origine. Il affirme que ce ne peut être du sang provenant de la plaie produite pour recueillir la bile. L'examen microscopique, ne décelant en outre, que de très rares globules rouges, on ne peut donc incriminer cette quantité si faible de sang et lui attribuer la présence du spectre à deux bandes.

Il reste à envisager l'hypothèse que je formulais plus haut : la transformation de l'hémoglobine en hématoporphyrine. Cette destruction amorcée dans la cellule hépatique, se continuerait dans la vésicule biliaire ; et, c'est pourquoi on retrouverait parfois dans la bile la présence d'hématoporphyrine. Le spectre à deux bandes pourrait alors s'expliquer par la présence de ce pigment intermédiaire.

Maintenant, la vie chez l'adulte étant très active, il est à supposer que cette modification ne représente qu'un temps très court ; c'est pourquoi aussi l'hématoporphyrine serait généralement absente dans la bile et toujours dans les matières fécales. Cette question demanderait donc à être approfondie et certainement que l'étude du spectre à deux bandes, faite parallèlement avec la détermination chimique de l'hématoporphyrine dans la bile, serait des plus intéressantes. Je n'ai pas dirigé mes recherches dans cette voie, parce que je ne voulais pas m'écarter de mon sujet ; il m'aurait fallu, en effet, faire une étude de la bile chez l'homme aux divers moments de son existence.

La difficulté de pouvoir obtenir de la bile humaine, dans des conditions favorables et nécessaires, augmente le nombre

(1) WERTHEIMER et MEYER. C. R. de la Soc. de Biol., 1888, 1889.

des raisons qui me font abandonner momentanément ce sujet.

Pour terminer ce chapitre, j'insisterai encore sur une observation à laquelle j'attache une certaine importance.

La réaction que j'obtenais avec le réactif de Meyer, sur le méconium, dans les conditions précédemment énoncées et comparable à la réaction produite par le sang, peut-elle être attribuée à l'hématoporphyrine ? Oui, à mon avis et pour les raisons suivantes : a) Elle ne s'obtenait pas, comme je l'ai fait remarquer, avec l'extrait aqueux, mais avec l'extrait alcoolique ; ce qui laisse à supposer la présence d'un principe actif soluble dans l'alcool. b) La même action s'opérait avec la solution alcoolique du pigment, isolé, après purification par l'éther de pétrole. Je l'ai même obtenue, avec des solutions alcooliques anciennes neutres, faiblement acides ou alcalines.

Voici comment je procédais : Dans un tube à essai, je mettais environ 1^{cm3} de solution alcoolique d'hématoporphyrine, 1^{cm3} d'alcool acétique à 1 p. 5o (alcool à 95°, 98 volumes, acide acétique cristallisable, 2 volumes). J'agitais les deux liquides, dans lesquels j'ajoutais un $^1/_2{}^{cm3}$ de réactif à la phénolphtaléine, parfaitement incolore, j'agitais à nouveau, et enfin j'additionnais le tout de deux gouttes d'eau oxygénée à 12 volumes. Presque instantanément, le mélange prenait une teinte jaune fortement rosé, rappelant comme couleur, une dilution de sang dans l'eau.

Cette réaction avait toutes les apparences de la réaction obtenue avec le sang, mais cependant assez atténuée.

Au bout de cinq à dix minutes, en observant le tube, je remarquais que la couleur du mélange pâlissait. La teinte rose devenait moins vive et, après une demi-heure, elle avait complètement disparu, il ne restait plus qu'un liquide jaune. Le temps que mettait le rose à disparaître était en rapport avec le degré de concentration de la solution alcoolique primitive.

En outre, en examinant le liquide au spectroscope, au début de la réaction, alors qu'il était nettement rosé, j'ai remarqué la présence de deux plages sombres : l'une, assez foncée dans le vert à la limite du jaune ; l'autre, beaucoup plus pâle, à la limite du bleu et du vert.

On pouvait suivre la réaction par l'examen de ces bandes,

à mesure que la coloration rose du liquide s'atténuait, les bandes diminuaient d'intensité. La bande, située dans le bleu, disparaissait la première ; enfin, la bande, située près du jaune, était complètement absente, au moment où la réaction prenait fin.

Cette réaction était aussi fugace que celle qui était obtenue avec le méconium lui-même. J'aurais eu le plus grand intérêt à approfondir mes recherches sur cette réaction, que j'ai jugé intéressante à décrire ; mais je dois avouer que les difficultés de pouvoir obtenir des quantités appréciables d'hématoporphyrine ont limité le nombre de mes expériences. Néanmoins, je suis convaincu que ce pigment, qui donnait une réaction si voisine de l'hémoglobine, était bien un dérivé direct du pigment sanguin, considération qui vient encore s'ajouter à celles que j'ai déjà exposées.

CHAPITRE III

Évolution et transformation
des Pigments biliaires dans l'intestin.

PIGMENTS RÉDUITS

L'intestin de l'adulte, fonctionnant normalement, ne doit éliminer que des pigments réduits, dont l'hydrobilirubine forme le terme principal. La modification du pigment s'opère par des phénomènes de réduction.

Théoriquement, on explique cette transformation par réduction et hydratation de la bilirubine.

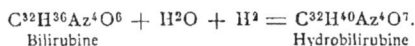

$$C^{32}H^{36}Az^4O^6 + H^2O + H^2 = C^{32}H^{40}Az^4O^7.$$
Bilirubine   Hydrobilirubine

Il peut y avoir aussi, d'abord formation de biliverdine par oxydation de la bilirubine et ensuite formation d'hydrobilirubine, par réduction de la biliverdine formée; c'est là une hypothèse que l'on peut concevoir comme la précédente.

Bien que les réactions chimiques in vitro, a dit Berthelot, ne puissent être assimilées à celles qui se passent dans l'organisme, la théorie de la formation de l'hydrobilirubine, par les réactions précédentes, est des plus vraisemblables.

L'hydrobilirubine préexiste-t-elle dans la bile ? Cette question est loin d'être éclaircie, on se trouve sur ce point encore, en présence de deux théories opposées. Malgré que cela soit plutôt du ressort de la physiologie, il est cependant intéressant de dire quelques mots de l'une et de l'autre manière de voir.

C'est Maly, qui le premier, affirma avoir rencontré de l'hydrobilirubine dans la bile. Hayem, Winter, (1), Tissier, (2), déclarent l'avoir observée d'une façon constante, Létienne, dans son étude sur la bile à l'état pathologique, fait déjà beaucoup de restrictions sur cette même opinion ; et, Quincke Engel, Mya, ainsi que beaucoup d'autres, sont d'un avis tout opposé.

Il est admis que les microbes peuvent déterminer la formation de l'hydrobilirubine. Quelques physiologistes, je le rappelerai plus loin, ont expliqué ainsi la transformation du pigment biliaire, par leur intervention.

Or, ces recherches ont souvent été faites sur des biles qui ne présentaient pas les conditions voulues. La putréfaction qui s'opère dans tout l'organisme, après la mort, peut amener la formation d'hydrobilirubine, au sein de la bile elle-même. Hammarsten, il est vrai, répond à cette objection en disant, qu'il en a trouvé une fois, dans la bile d'un supplicié.

Vitali en rencontra dans la bile provenant d'un individu porteur d'une fistule biliaire ; mais là encore, on peut incriminer les microbes, car l'examen bactériologique de la sécrétion en signala.

Plus récente, la même expérience faite par M. Monges (3) permet à l'auteur de nier la présence de l'hydrobilirubine et du chromogène dans la bile.

Il reste aussi à considérer, en présence de ces affirmations différentes, les conditions chimiques suivant lesquelles les recherches furent exécutées. Dans le cours des manipulations, il pouvait s'opérer une modification partielle du pigment primitif. J'aurai occasion de signaler, en parlant des méthodes de recherches des pigments primitifs, la formation de l'hydrobilirubine, à la suite des réactions que j'opérais, pour caractériser la bilirubine (par le procédé de MM. Bierry et Ranc), dans les selles des nouveaux-nés. (Méconium). Voir procédés de recherches des pigments primitifs, Chap. IV.

(1) WINTER. Recherche de l'Urobiline dans la bile. C. R. de la Soc. de Biol., 23 février 1889, p. 139.

(2) TISSIER. Essai sur la Pathologie de la sécrétion biliaire. Thèse de Paris, 1889.

(3) MONGES. Réunion biologique de Marseille, 16 novembre 1909. C. R. de la Soc. de Biol., LXVII, p. 609, 1909.

En supposant toutefois qu'on admette son existence dans la bile, abstraction faite des cas pathologiques, il faut ajouter qu'elle ne s'y rencontre qu'en très faible quantité. Ce n'est donc pas la bile qui est le véritable centre de formation du pigment réduit.

Certains auteurs ont tenté d'expliquer la formation de l'hydrobilirubine, par modification directe de l'hémoglobine et Gerhardt (1) fut l'un des partisans de cette hypothèse. Quant à l'opinion de Fleischer, qui admettait la formation de ce pigment, aux dépens des aliments carnés, Fr. Müller en démontra facilement le peu de valeur. Ne se forme-t-elle pas en effet tout aussi bien dans le régime végétarien ou dans le régime lacté ?

Le phénomène de réduction est bien le résultat final de la transformation du pigment biliaire. L'hydrobilirubine est absente dans les matières fécales chez le nouveau-né et ne commence à apparaître qu'avec les phénomènes de réduction ; jusque-là, il ne s'opère dans l'intestin que des phénomènes d'oxydation. Le pigment biliaire est évacué sans transformation.

Combe (2) associe les processus de réduction aux fermentations intestinales qui existent chez l'adulte.

A quoi maintenant, doit-on attribuer les réductions qui s'opèrent dans l'intestin, sur le pigment ? Deux théories sont en présence : dans l'une, on admet l'intervention des microbes, dans l'autre, au contraire, c'est la sécrétion intestinale qui entre comme facteur.

La théorie microbienne, la plus ancienne, fut surtout soutenue par l'École allemande. Krukenberg (3), dit que les microbes, en provoquant la putréfaction des albuminoïdes, produisent de l'hydrogène naissant, capable de réduire les pigments. Dans cette manière de voir, le processus est tout à fait comparable à la réaction chimique, qui permet d'obtenir l'hydrobilirubine sous l'action de l'hydrogène naissant dégagé par l'amalgame de sodium, en présence d'une solution alcaline de pigments biliaires.

(1) GERHARDT. *Zeitschr. f. klin. méd.*, 1897.
(2) COMBE. *Auto-intoxication intestinale*, 2e édition, libr. Baillière et fils ; 1909.
(3) KRUKENBERG. *Grundriss der Medrusch. chem. anal.*, Heidelberg, 1888.

3

Salkowski et Fr. Müller (1) admettent eux aussi l'intervention des microbes anaérobies ; ils font coïncider la formation de l'hydrobilirubine, chez les enfants, avec le moment où ces microbes commencent à évoluer.

Beck (2), contrairement à l'opinion de MM. Gilbert et Herscher, déclare que les microbes peuvent, in vitro, changer la bilirubine en hydrobilirubine.

Nencki et Sieber (3) enfin, localisent cette action des microbes dans le gros intestin.

La théorie de la transformation des pigments biliaires par les ferments intestinaux semble plus rationnelle ; elle est due à Hoppe-Seyler et elle a eu surtout pour adeptes, dans ces derniers temps, MM. Gilbert et Herscher, qui ont émis à ce sujet une hypothèse très séduisante. Ils expliquent la réduction du pigment biliaire par la présence d'une catalase sécrétée par la muqueuse intestinale. Cette catalase, d'après eux, ferait défaut chez le nouveau-né ; et, chez l'adulte, elle ne serait produite que par une portion de l'intestin, dont le duodénum formerait le centre le plus actif. L'iléon en donnerait moins et dans la partie rectale cette sécrétion serait nulle. Ces affirmations sont basées sur des expériences faites avec des extraits obtenus par macération des différentes parties de l'intestin.

M. Triboulet (4) est convaincu que la réduction ne s'opère ni dans le duodénum, ni dans le jéjunum, ni dans les neuf dixièmes supérieurs de l'iléon ; mais seulement 6 ou 8 centimètres au-dessus de la valvule iléo-cœcale, au niveau de cette valvule et immédiatement au-dessous. D'après une très récente communication, l'auteur aurait observé « que la réduction du pigment était liée en majeure partie à l'influence de la zone lymphoïde iléo-cœcale. » Viglezio avait déjà formulé une hypothèse analogue : il admettait que la transformation était achevée au voisinage de la valvule.

Quelque théorie qu'on admette, une chose est certaine, c'est que l'agent réducteur qui entre en jeu, est un agent

---

(1) Fr. MULLER. Siebzigster Jahres-Bericht d. Schles. Gesellsch. f. vaterl. Cult., 1892, *Méd. Abtheil.*, I.

(2) BECK. *Wiener klin. Woch.*, 29 avril 1895.

(3) NENCKI et SIEBER. Unters, über d. Blutf. (*Arch. f. exp. path. und pharm.*, XVIII, p. 401.)

(4) TRIBOULET. *Bul. de la Soc. de l'Int.*, n° 7, juillet 1909; *C. R. de la Soc. de Biol.*, LXIX, p. 346-347, novembre 1910.

puissant, qui non seulement transforme en hydrobilirubine le pigment initial, mais réduit cette dernière à son tour, en donnant le chromogène de l'hydrobilirubine.

Hydrobilirubine. — L'hydrobilirubine fut trouvée par Vanlair et Masius (1) qui la retirèrent des matières fécales, en les traitant par l'alcool et l'acide sulfurique ; elle était isolée ensuite au moyen du chloroforme. Ils lui donnèrent le nom de *stercobiline* et longtemps elle fut considérée comme très différente de l'urobiline découverte dans l'urine par Jaffé (1868), trois années auparavant. Mac Munn (2), le premier, admit que ces deux substances étaient très voisines ; on assimila l'hydrobilirubine à l'urobiline fébrile. D'autres auteurs vinrent contester le rapprochement, en prétendant que la stercobiline n'avait pas le même spectre que l'urobiline. On répondit à ces objections en faisant remarquer que les solutions examinées, n'étaient pas pures et contenaient d'autres substances agissant sur le spectre.

Il est évident que l'étude spectrale dans ces conditions, ne fournissait pas un criterium suffisant permettant d'affirmer ou de nier la similitude entre l'urobiline de Jaffé et la stercobiline de Vanlair et Masius. Aujourd'hui, le doute n'est plus permis, l'identité des deux substances est démontrée suivant l'opinion qu'avaient déjà formulé Stokvis, Maly, Riva Jaffé, Engel, Hayem, Winter et beaucoup d'autres physiologistes. Quant à moi, je pourrais ajouter s'il en était encore besoin, que dans mes différentes recherches, j'ai souvent comparé les réactions chimiques obtenues avec l'urobiline de l'urine d'une part et l'hydrobilirubine d'autre part : elles ont toujours été identiques.

De plus, les solutions de ces deux pigments, obtenues dans des conditions similaires, présentaient exactement la même bande d'absorption.

L'hydrobilirubine est un corps amorphe qui n'a pas encore été isolé à l'état de pureté absolue ; suivant la concentration de ses solutions, celles-ci sont roses, rouges ou brunes. Sa formule, d'après Maly, correspond à $C^{32}H^{40}Az^4O^7$.

Les auteurs la donnent généralement comme peu soluble

(1) VANLAIR et MASIUS. *Centralb. für die Médic. Wissenchaften*, IX, p. 369, 1871.

(2) MAC MUNN. *Journ. of Physiol.*, X, p. 71, 1890.

dans l'eau ; mon avis est qu'elle y est assez soluble. Elle est plus soluble dans l'alcool, les solutions salines, le chloroforme ; mais par contre, elle l'est beaucoup moins dans l'éther.

Avec les sels alcalins, elle peut donner naissance à des combinaisons, qui sont des hydrobilirubinates, analogues aux biliverdinates et aux bilirubinates.

En solution neutre, elle présente une bande d'absorption sombre entre b et F, à la limite du vert et du bleu, correspondant à $\lambda = 485$ à $\lambda = 510$. Cette bande se déplace suivant la réaction du milieu, vers la gauche se rapprochant ainsi de b, si le milieu devient alcalin ; vers la droite, au contraire, se rapprochant de F, si la réaction devient acide.

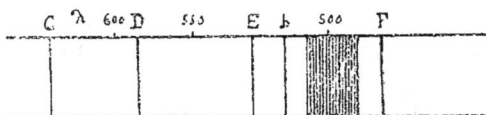

Fig. 8. — Spectre de l'Hydrobilirubine.

Sa propriété caractéristique est de donner comme l'urobiline, dans certaines conditions de milieu que je signalerai plus loin, une très belle fluorescence avec les sels de zinc.

L'hydrobilirubine existe sous trois formes dans les matières fécales. On l'avait déjà signalée à l'état d'hydrobilirubine en nature et de chromogène ; je crois pouvoir démontrer qu'elle existe aussi sous forme d'hydrobilirubinates alcalins (1).

Quand on broie quelques grammes de matières fécales avec 10 ou 15 centimètres cubes de chloroforme, on remarque que certains de ces extraits, après filtration, présentent nettement au spectroscope la bande d'absorption de l'hydrobilirubine et donnent immédiatement la fluorescence par addition de la solution alcoolique d'acétate de zinc à 1 p. 1.000 (solution faite dans l'alcool à 95 degrés) ; cela indique la présence de l'hydrobilirubine en nature.

Chromogène. — Le chromogène, que les Allemands désignent encore sous le nom de leuco-hydrobilirubine, donne

(1) BORRIEN. *C. R. de la Soc. de Biol.*, 16 avril 1910.

les mêmes réactions chimiques que l'hydrobilirubine. En solution aqueuse, il précipite comme elle sous l'action des sels de plomb et du sulfate d'ammoniaque. On a souvent conseillé comme réactif pour oxyder le chromogène et le ramener à l'état d'hydrobilirubine, la liqueur de Gram ; je trouve que son emploi comporte certaines difficultés, aussi je préfère de beaucoup avoir recours, soit à l'acide azotique, soit au bichlorure de mercure, soit encore aux persulfates de soude ou d'ammoniaque.

1° *Action de l'acide azotique.* — Si, à l'exemple de MM. Gilbert et Herscher (1), on a ajouté à l'extrait chloroformique incolore de matières fécales une goutte d'acide azotique pur (il n'est pas nécessaire d'employer, comme ces auteurs, de l'acide azotique nitreux), le chloroforme prend par agitation une coloration plus ou moins rougeâtre.

J'ajouterai que les extraits faits avec l'alcool amylique ou l'éther acétique, donnent les mêmes résultats ; toutefois, dans l'action de l'acide azotique, j'ai remarqué qu'avec l'extrait chloroformique, elle se produisait très rapidement et à froid, tandis que lorsqu'on se servait des deux autres dissolvants, on ne l'obtenait nette et instantanée qu'en chauffant le mélange à l'ébullition.

Quel que soit le liquide employé, examiné au spectroscope, l'extrait ainsi traité par l'acide azotique donne nettement la bande de l'hydrobilirubine ; mais on n'obtient pas la réaction de fluorescence, car elle est empêchée par l'acide.

Toutefois on pourra la provoquer en neutralisant le mélange, avec beaucoup de précaution, au moyen de quelques gouttes d'une solution de carbonate de soude saturée. Au moment où l'on obtient la neutralité, la fluorescence apparaît, pour disparaître au bout de quelques instants, l'hydrobilirubine étant entraînée dans la partie aqueuse et saline surnageante.

On pourra enfin obtenir une fluorescence plus stable, en additionnant le mélange de dix ou quinze fois son volume d'eau distillée ; en agitant le tout dans une ampoule à décan-

(1) GILBERT et HERSCHER. De la Stercobiline (*Presse médicale*, 26 août 1908).

tation, le chloroforme coloré en rose se sépare, on le filtre
sur un petit tampon de coton hydrophile imbibé de chloroforme et on ajoute la solution alcoolique d'acétate de zinc
à 1 p. 1.000. Il faut prendre garde, dans cette opération, de
ne pas entraîner d'eau pendant la décantation, car la plus
petite quantité empêche la fluorescence; on prendra donc
la précaution indiquée plus haut, c'est-à-dire la filtration
sur du coton imprégné de chloroforme.

2° *Action d'un alcali.* — L'extrait chloroformique initial
est additionné de quelques gouttes d'une solution alcaline
au cinquième (ammoniaque, potasse, soude) puis agité longuement avec cinq ou six fois son volume d'eau distillée. La
solution aqueuse est ensuite séparée et filtrée.

On l'acidifie avec quelques gouttes d'acide chlorhydrique ;
aussitôt on remarque que cette solution se teinte en rouge
plus ou moins foncé.

En l'agitant de nouveau avec le chloroforme, celui-ci
entraîne l'hydrobilirubine, caractérisée par sa bande
d'absorption et sa fluorescence, qu'on obtient facilement
après avoir lavé la solution chloroformique à l'eau distillée
pour lui enlever les traces d'acide.

3° *Oxydation lente.* — J'ai remarqué, en outre, qu'une solution chloroformique initiale, contenant du chromogène (caractérisé par les deux réactions précédentes), additionnée
de la solution alcoolique d'acétate de zinc ne présente pas
de fluorescence immédiate. Cependant cette solution, aban-
donnée à elle-même après cet essai, présente au bout de
quelques heures une fluorescence qui va s'accentuant de
jour en jour.

D'autre part, la même solution chloroformique incolore,
évaporée au bain-marie dans une capsule de porcelaine,
laisse un résidu rouge brique. Ce résidu, repris par un peu
d'eau tiède, présente la bande d'absorption de l'hydrobilirubine, caractérisée encore par la réaction de fluorescence
après séparation au moyen de chloroforme.

L'oxydation lente explique le phénomène remarqué par
M. Triboulet : des matières fécales peuvent donner une
réaction très vive avec la solution de sublimé acétique, indiquant une très grande quantité d'hydrobilirubine tandis que
les mêmes matières traitées par l'éther acétique et l'acétate
de zinc donnent une faible fluorescence. Ceci s'interprète

par l'oxydation plus rapide du chromogène dans le premier cas; dans l'autre au contraire l'oxydation est plus lente.

Les auteurs sont presque tous unanimes à déclarer que le chromogène forme la part la plus importante des produits de transformation du pigment biliaire. Riva (1) est plus absolu encore dans cette assertion, en déclarant que l'hydrobilirubine en nature n'existe pas dans les matières fécales, mais qu'on y trouve seulement du chromogène; MM. Gilbert et Herscher ainsi que M. Chauffard ont au contraire déclaré que dans certaines circonstances ils avaient trouvé plus de stercobiline que de stercobilinogène.

Mon opinion est que l'on peut rencontrer parfois de l'hydrobilirubine en nature dans les matières fécales; mais c'est presque toujours en très faible quantité. Il est vraisemblable qu'elle est due à une regression partielle du chromogène, celui-ci revenant à son stade antérieur par suite d'une oxydation superficielle.

Le chromogène, quand on le soumet à une oxydation lente, revient-il immédiatement au terme hydrobilirubine? Non, il semble passer par une série de transformations, dont les étapes sont marquées par une succession de couleurs, allant en s'accentuant à mesure que l'oxydation augmente.

Le jaune d'or peut être considéré comme le point de départ, ensuite viennent le jaune orangé, le rose, le rouge et enfin le rouge brique foncé, qui parait être la couleur définitive de l'hydrobilirubine, après évaporation de ses solutions. On peut percevoir très facilement ces différents passages d'une couleur à l'autre, par le moyen que j'indiquerai ultérieurement.

On conçoit très bien que l'action oxydante et violente de l'acide azotique, en déterminant brusquement le retour du chromogène, vers le pigment réduit initial, ne permet pas de distinguer les changements qui s'opèrent.

L'oxydation ralentie et obtenue par le seul contact de l'air est donc nécessaire pour apprécier ces phénomènes. Ces observations m'amèneront à considérer le rôle de la graisse, qui, a priori, ne doit pas être étrangère à la transformation

---

(1) Riva. Congrès ital. de médec. int., octobre 1909.

du pigment biliaire. Le pigment paraît, en effet, être fixé sur les molécules de graisse, peut-être se trouve-t-il dissous par elles.

On a déjà émis cette hypothèse, que le pigment biliaire évacué dans la bile, sous forme de combinaison alcaline, cède son alcali aux acides gras provenant du dédoublement des graisses, pour donner naissance à des savons. Mais on peut tout aussi bien admettre, par la même suite d'idées, que le pigment biliaire, ainsi libéré, est absorbé par les molécules de graisse et subit à leur contact les processus de réduction.

Les faits que je vais exposer semblent démontrer cette intervention de la graisse, dans les phénomènes de réduction du pigment primitif; mais tout d'abord, je crois utile de considérer un peu la façon dont l'hydrobilirubine et le chromogène se comportent en présence des graisses des matières fécales.

L'hydrobilirubine, c'est une chose certaine, est complètement insoluble dans l'éther de pétrole ; mais elle peut acquérir la propriété de s'y dissoudre, tout au moins partiellement, quand elle s'obtient par oxydation du chromogène en présence de graisses. Quant au chromogène, lui-même, il se dissout en totalité dans l'éther de pétrole, avec la même facilité que les matières grasses. J'en ai eu la preuve de la façon suivante : soit un extrait chloroformé de selles, à la fois très riches en chromogène et en graisses; je l'évapore au bain-marie, jusqu'à oxydation presque complète du chromogène (ce qui m'est indiqué par la coloration rouge brique foncé que prend le résidu). J'ai remarqué, qu'en reprenant le produit de l'évaporation par de l'éther de pétrole, il s'y dissolvait presque complètement. La solution obtenue, filtrée, était de couleur jaune ambré et accusait parfaitement les caractères de l'hydrobilirubine (spectre et fluorescence).

Si, au contraire, je reprenais le résidu par de l'alcool faible à 4o ou 5o°, celui-ci dissolvait incontestablement l'hydrobilirubine et très peu de graisses. J'évaporais une seconde fois cette solution au bain-marie : le vernis rouge d'hydrobilirubine qui se formait au fond de la capsule était cette fois absolument insoluble dans l'éther de pétrole.

Il était facile de s'en assurer en filtrant ce liquide, car il passait tout à fait incolore, en abandonnant sur le filtre un résidu rouge brique d'hydrobilirubine, très soluble dans le chloroforme et l'alcool amylique. La graisse intervenant, donc, dans le premier cas, pour provoquer la solubilité.

La même observation s'applique au chromogène et peut se démontrer ainsi : On épuise par plusieurs traitements, une petite quantité de matières fécales, avec de l'éther de pétrole, de manière à enlever le maximum de graisses et de chromogène. La solution est évaporée très rapidement au bain-marie ; elle laisse un résidu jaune verdâtre, souillé par des impuretés. Celui-ci est repris par de l'alcool faible, acidulé avec une goutte d'acide azotique. La solution alcoolique, filtrée et évaporée à nouveau, laisse bientôt apparaître l'hydrobilirubine, qui se forme par oxydation rapide. Le résidu repris comme précédemment, par l'éther de pétrole, est complétement insoluble.

Cette propriété du chromogène me porte donc à croire qu'il se trouve, dans les matières fécales, intimement lié aux molécules de graisse. Elle m'a fourni aussi, par l'expérience suivante, maintes fois répétée, le moyen de suivre les degrés d'oxydation qui le ramènent, peu à peu, à l'état d'hydrobilirubine.

Je prenais une certaine quantité d'extrait chloroformique de matières fécales contenant beaucoup de chromogène et relativement peu de graisses. Après évaporation, je reprenais le résidu par l'éther de pétrole et je filtrais la solution, pour séparer l'hydrobilirubine, insoluble dans l'éther de pétrole. Le liquide obtenu jaune d'or, ou jaune légèrement verdâtre, était évaporé longuement au bain-marie, de manière à prolonger l'oxydation. Au bout de quelque temps, on distinguait nettement, sur les parois de la capsule de porcelaine, les différentes teintes plus ou moins foncées suivant l'intensité de l'oxydation qui s'était produite en ces points.

Le résidu sec, repris par l'éther de pétrole, laissait encore une pellicule insoluble, se dissolvant facilement, comme précédemment, dans le chloroforme, et accusant les caractères de l'hydrobilirubine.

Après cette seconde opération, je remarquais déjà que la solution éthérée n'était plus jaune d'or, mais jaune orangé ; elle donnait à l'examen spectroscopique, la bande de l'hydrobilirubine, mais assez pâle. En y ajoutant quantité égale de solution alcoolique d'acétate de zinc au millième, j'obtenais une fluorescence assez marquée. En poursuivant ces évaporations un certain nombre de fois, j'arrivais à avoir des solutions du pigment dans l'éther de pétrole, rappelant de plus en plus la couleur des solutions d'hydrobilirubine ; c'est pourquoi, j'ai dit plus haut, que le retour du chromogène à l'hydrobilirubine, quand on provoquait l'oxydation lente, se manifestait par une série de colorations intermédiaires plus ou moins foncées, suivant qu'elles étaient plus rapprochées du pigment réduit initial.

L'éther de pétrole était capable de dissoudre une quantité très grande de chromogène ; et, c'était bien du chromogène, car après avoir ajouté à quelques centimètres cubes de cet extrait éthéré concentré, une goutte d'acide azotique, en chauffant légèrement, je pouvais produire l'oxydation rapide.

La solution devenait rouge vif et laissait voir la bande très accusée de l'hydrobilirubine. En ajoutant quelques gouttes d'eau distillée, le pigment se rassemblait dans la solution aqueuse acide, abandonnant ainsi l'éther de pétrole.

Il était facile aussi d'enlever le chromogène à l'éther de pétrole. Pour cela, il suffisait d'agiter avec précaution la solution éthérée avec de l'eau distillée faiblement alcalinisée. La solution aqueuse soutirée, acidifiée avec quelques gouttes d'acide chlorhydrique et agitée avec du chloroforme, lui abandonnait le pigment.

Le chromogène était vraisemblablement uni à la graisse, et comme l'éther de pétrole redissolvait celle-ci à chaque traitement, il est donc permis d'amettre ainsi l'hypothèse que j'émettais plus haut : c'est que la graisse, en fixant le pigment, lui facilitait sa solubilité dans l'éther de pétrole. Ce qui confirme une fois encore cette opinion, c'est qu'une goutte de solution éthérée primitive, évaporée sur une lame et examinée au microscope, permettait de constater de très nombreux globules de graisse, plus ou moins volumineux, uniformément colorés en jaune verdâtre. Ces globules ne présentaient aucune granulation qui puisse amener un doute sur l'état du pigment dans leur masse.

Si donc, on peut obtenir par ces expériences, la reproduction de l'hydrobilirubine, il est également possible de supposer, que la réduction du pigment s'opère graduellement elle aussi, dans le sens inverse. L'hydrobilirubine, formée par un premier processus de réduction de la bilirubine ou de la biliverdine, continue à fixer les atomes d'hydrogène pour devenir peu à peu le chromogène. Ce phénomène se poursuit plus loin dans l'organisme; et, tout ce qui reste du pigment réduit, non absorbé, est évacué avec les selles, soit à l'état de chromogène, qui forme comme nous le savons la part la plus importante, soit à l'état d'hydrobilirubinates alcalins.

Hydrobilirubinates. — Je caractérise cette combinaison de l'hydrobilirubine, de la manière suivante. Un échantillon de matières fécales, 5 ou 6 grammes environ, est longuement lavé au chloroforme, jusqu'à ce que celui-ci ne donne plus de fluorescence ni de réaction avec l'acide azotique. En traitant le résidu par l'alcool à 95°, j'obtiens une liqueur jaune présentant une bande d'absorption peu accentuée; mais cette bande devient plus intense par l'addition de quelques gouttes d'acide.

La solution alcoolique est mise dans une ampoule à décantation et additionnée de 15 à 20 fois son volume d'eau distillée; on y ajoute 5 à 6 gouttes d'acide chlorhydrique qui font prendre au mélange une teinte un peu rose. En agitant avec du chloroforme, celui-ci se sépare nettement coloré en rose, il donne la bande d'absorption de l'hydrobilirubine et la fluorescence, si l'on a soin de laver comme précédemment pour enlever les traces d'acide.

Si, aux matières épuisées comme ci-dessus par le chloroforme, on ajoute un excès d'acétate de zinc en poudre et de l'alcool à 95°, on n'obtient qu'une trace de fluorescence dans le liquide filtré. Au contraire, cette fluorescence est plus vive si on a eu soin d'acidifier très légèrement les matières fécales épuisées.

A propos de cette réaction de fluorescence, à laquelle je viens de faire plusieurs fois allusion, je tiens à dire dès maintenant qu'il faut tenir compte de certaines conditions.

En effet, cette réaction de l'hydrobilirubine qui est d'une très grande sensibilité, demande, quel que soit du reste le dissolvant de l'hydrobilirubine, à être faite en milieu neutre ou très faiblement acide. Lorsque l'on emploie le chloroforme comme dissolvant et que l'on recherche la fluorescence par le réactif alcoolique à l'acétate de zinc au millième, on doit s'assurer que la solution chloroformique est parfaitement indemne d'eau, ainsi que le tube qui servira à la réaction, la moindre trace de celle-ci pouvant empêcher la fluorescence, sinon l'atténuer fortement.

Pour obvier à cet inconvénient de la présence d'une très faible quantité d'eau, au lieu d'employer l'alcool à 95° pour faire le réactif à l'acétate de zinc, je préférais faire la solution dans l'alcool absolu.

De cette façon, la fluorescence se manifestait dans de meilleures conditions.

Voici donc l'exposé des pigments que l'on peut rechercher dans les matières fécales. Je ne m'occuperai pas du côté physiologique de la question ; je ferai simplement observer que la quantité globale des pigments dans les selles, aussi bien que les proportions relatives de chacun d'eux, varient nécessairement, d'une part avec l'abondance de leur sécrétion, d'autre part avec les processus d'absorption, de réduction et de destruction, qui, dans l'intestin, s'exercent ultérieurement sur eux. De là, dans les cas pathologiques des différences très appréciables, d'après lesquelles on pourra apprécier l'état soit de la fonction biliaire, soit de la fonction intestinale chez le sujet examiné. Sur ce point, on trouvera suffisamment de données intéressantes dans les travaux de M. Triboulet pour ne citer que les plus récents. Toutefois, il me reste à dire quelques mots sur des pigments biliaires peu définis. Ces matières colorantes existeraient, d'après certains auteurs, dans l'urine avec les autres pigments connus. Il était donc tout indiqué pour moi d'essayer de les obtenir dans les matières fécales, où toute la gamme des transformations du pigment initial existe, soit physiologiquement, soit pathologiquement, à une intensité beaucoup plus grande que dans l'urine.

Je me contenterai de parler des deux plus connus, les autres n'ayant aucun intérêt.

Méhu (1), dans certaines affections hépatiques, dit avoir trouvé un pigment rouge dont les caractères seraient très voisins des caractères de l'hydrobilirubine. Du reste, l'auteur n'indique aucune particularité saillante permettant de faire de ce pigment un corps parfaitement caractérisé, aussi il est préférable de se ranger à l'avis de ceux qui l'ont identifié à de l'urobiline.

(1) Méhu. *Chimie médicale*, p. 266, 1870-1878.

M. Tissier (1), dans une étude très documentée sur la pathologie biliaire, prête au pigment rouge brun de Winter, qu'il dénomme *bilirubidine*, à cause de sa couleur, une importance très grande.

Jusqu'ici la découverte de ce pigment n'a pas été, je le crois, contestée; cependant, il semble que, tel que le conçoit M. Tissier, son existence soit assez problématique. Il se placerait, dit-il, par sa composition chimique, entre la bilirubine et l'urobiline. Ce serait donc un produit de réduction qui précéderait celui que tous les auteurs considèrent comme le premier stade : l'hydrobilirubine.

Comment, d'après M. Tissier, ce pigment peut-il prendre naissance ?

Les solutions d'urobiline, évaporées et abandonnées au contact de l'air, le donneraient par altération. De même, il se formerait au contact de l'air, dans les solutions de pigment biliaire, bilirubine, ou biliverdine; il existerait parfois aussi dans la bile, le sérum, l'urine.

Si on compare les deux premières sources de production, il faut en déduire qu'elles sont basées toutes les deux sur des phénomènes d'oxydation ; il semble donc difficile que l'oxydation de la bilirubine donne le même produit que l'oxydation de l'hydrobilirubine. Ce serait admettre le retour vers le pigment initial, en partant de l'hydrobilirubine ; il a été maintes fois démontré qu'il y a impossibilité.

Du reste M. Winter (2) attribue à son pigment rouge brun des propriétés bien peu différentes de celles de l'hydrobilirubine : insolubilité partielle dans l'eau, faible décoloration en présence des agents réducteurs (hydrogène naissant), il ne donne pas la réaction de Gmelin.

J'ai essayé d'obtenir cette *bilirubidine* par différents procédés d'oxydation, tant sur l'hydrobilirubine que sur les pigments primitifs, mais sans succès. J'ai laissé très longtemps au contact de l'air, dans une capsule de porcelaine, des quantités notables d'hydrobilirubine, provenant déjà de l'oxydation du chromogène. Il est certain que le résidu de l'évaporation changeait de teinte ; de rose il devenait rouge brique,

---

(1) TISSIER. Essai sur la pathologie de la sécrétion biliaire, *Thèse de Paris*, 1889.

(2) HAYEM. Du sang et de ses altérations anatomiques, 1889.

puis ambré ; mais tous ces stades n'étaient que des états intermédiaires entre le chromogène et l'hydrobilirubine. Finalement, après plusieurs semaines, il me restait un produit très foncé, mais ce n'était que de l'hydrobilirubine avec tous ses caractères et son spectre.

J'ai essayé encore l'oxydation plus complète de ce résidu par l'acide azotique ; en modérant la réaction, j'observais la coloration rouge bien connue que prennent les solutions d'hydrobilirubine en présence des acides forts (1).

En augmentant l'oxydation, le pigment se décolorait peu à peu et je n'avais plus qu'une solution jaune pâle sans caractère spectral.

Par l'oxydation (2) du pigment primitif lui-même, je suivais toute la série des colorations de la réaction de Gmelin et j'arrivais au terme final, la cholétéline, sans avoir observé le stade pouvant correspondre au pigment rouge brun.

Dans les selles, plus encore que dans les urines, se présente la difficulté d'obtenir des pigments biliaires purs, indemnes de toute substance, capable de dénaturer leurs réactions de coloration ou leur spectre. Aussi, il vaut mieux admettre avec beaucoup d'auteurs, que ces modifications pigmentaires, si peu définies, n'ont pour raison d'être que la présence d'impuretés. Et, pour ne pas compliquer le nombre des pigments déjà si grand, il est préférable de rapprocher ces modifications de leurs termes les plus voisins, à moins qu'elles ne présentent un spectre bien spécial, ou des réactions chimiques tout à fait caractéristiques.

(1) Garrod et Hopkins, *Journ. of Physiol.*, XX, 1896.
(2) Cette oxydation était également provoquée, par l'acide azotique, employé en très petite quantité de façon que la réaction s'opérant très lentement, il était facile d'en bien apprécier tous les détails.

CHAPITRE IV

Méthodes de recherche des Pigments primitifs dans les matières fécales.

———————

Les pigments primitifs se trouvent dans les selles, à l'état physiologique, chez l'enfant nouveau-né, pendant les premiers mois qui suivent la naissance ; on peut les rencontrer ainsi jusqu'au huitième mois, mais rarement plus tard. Dans les selles d'enfants plus âgés et dans les selles d'adultes, si on les décèle, on admet que cela résulte toujours de circonstances pathologiques.

La bilirubine que l'on trouve chez les nouveau-nés, d'abord dans le méconium et ensuite dans les premières selles, ne se rencontre jamais dans les selles d'adultes.

En effet, dans l'intestin de ceux-ci, les phénomènes d'oxydation étant beaucoup plus énergiques que chez les jeunes enfants, la bilirubine se transforme rapidement en biliverdine.

Afin d'apporter quelque méthode dans l'étude des pigments primitifs, j'ai pensé qu'il était préférable de les examiner d'après leur ordre d'apparition dans les matières fécales, aux différents âges. J'indiquerai, en conséquence, un certain nombre de réactions qui ont été données d'une façon générale pour la recherche des pigments, en y ajoutant les critiques qui peuvent être faites, si on les applique aux matières fécales.

Il arrive souvent que les auteurs emploient les dénominations de bilirubine ou de biliverdine indifféremment ; or ces deux pigments sont très différents, comme nous l'avons déjà vu. Si, parfois, ils présentent des réactions finales identiques, ils n'en sont pas moins nettement différenciables, non seulement pas leurs dissolvants particuliers, mais encore par des réactions spéciales propres à chacun d'eux.

A) Méconium. — Ainsi que je l'ai indiqué dans le chapitre

précédent, à propos de la relation entre le pigment sanguin et le pigment biliaire, le méconium contient en dehors de la bilirubine et de la biliverdine, de l'hématoporphyrine. J'ai montré comment on pouvait isoler ce pigment, je ne reprendrai donc pas ici cette méthode de recherche. Quant à la détermination de la bilirubine et de la biliverdine, voici quelles sont les réactions qui peuvent être utilisées.

Bilirubine et biliverdine. — Le méconium traité par le chloroforme, ne lui cède aucune matière colorante, parce que la bilirubine n'existe pas à l'état libre, mais vraisemblablement à l'état de bilirubinate.

Pour caractériser ce pigment, j'ai utilisé la réaction de MM. Bierry et Ranc (1), dont les résultats ont été excellents.

Le méconium après séparation de l'hématoporphyrine par l'acétone, est traité, à volume égal environ, par de l'alcool acidifié avec de l'acide sulfurique dans la proportion de 5 p. 100, afin de mettre la bilirubine en liberté. Le mélange est jeté sur un filtre et la liqueur alcoolique obtenue est additionnée de 8 ou 10 fois son volume d'eau distillée, ce qui donne naissance à un précipité. On suit alors la technique de MM. Bierry et Ranc, indiquée par ces auteurs pour la recherche de la bilirubine dans le plasma et le sérum du sang de cheval. Le liquide hydro-alcoolique est agité lentement avec du chloroforme ; celui-ci, au bout de quelque temps, se sépare coloré en jaune ambré. D'autre part la biliverdine mise en liberté, insoluble à la fois dans le chloroforme et dans l'eau, est précipité et se rassemble en gros flocons verdâtres, au niveau de séparation des deux liquides.

La solution chloroformique est évaporée à siccité au bain-marie ; le résidu est repris par du chloroforme pur et sec. On ajoute deux ou trois gouttes d'une solution de brôme à deux centigrammes p. 100 dans le chloroforme. L'extrait chloroformique prend alors une teinte verte et, si l'on fait tomber une ou deux gouttes d'alcool pur, on a immédiatement le passage au bleu intense. Il suffit de promener, au-dessus du liquide bleu, la pointe d'un agitateur préalablement plongé dans une solution d'ammoniaque pour observer une décoloration instantanée.

(1) BIERRY et RANC. *C. R. de la Soc. de Biol.* LXIII, p. 608, décembre 1907.

Mes observations, dans le cours de cette réaction, m'ont permis de constater que la proportion de biliverdine contenue dans le méconium était quelquefois aussi importante que celle de la bilirubine. En outre, j'ai fait encore l'observation suivante ; la solution chloroformique bleue, décolorée avec précaution par les vapeurs ammoniacales, donnait la fluorescence caractéristique de l'hydrobilirubine, par addition de quantité égale de réactif à l'acétate de zinc à 1 p. 1000.

Cette fluorescence ne s'obtenait pas dans la liqueur chloroformique primitive, avant son traitement par la solution brômée. De l'hydrobilirubine avait donc pris naissance au cours des différentes réactions auxquelles était soumise la bilirubine.

B). — Nouveaux-nés. — Le nouveau-né, dans les premiers mois qui suivent la naissance, élimine physiologiquement le pigment biliaire à l'état de bilirubine à peu près pure. Les selles, de couleur jaune d'œuf, ne contiennent ni hydrobilirubine, ni chromogène et rarement des traces de biliverdine.

La bilirubine, ainsi que j'ai eu l'occasion de le constater dans les selles normales des nourrissons, est à l'état libre, ce qui s'explique par la réaction nettement acide de ces selles.

On l'extrait par le chloroforme, qu'elle colore en jaune orangé. La solution chloroformique présente bien les caractères chimiques de la bilirubine et montre à l'examen spectroscopique, comme toutes les solutions de ce pigment, l'absorption croissante de toutes les radiations du spectre, en allant du rouge vers le violet.

J'ai remarqué un phénomène assez curieux, c'est que cette solution chloroformique, quoique très riche en bilirubine, ne me donnait pas la réaction précédente de MM. Bierry et et Ranc, bien que, cependant, j'opérasse dans les conditions indiquées par les auteurs, conditions qui m'avaient donné un bon résultat pour la même recherche dans le méconium.

La méthode d'Ehrlich (1) (le réactif employé est le même que celui qui sert à la diazo-réaction, seule la technique diffère un peu) que j'ai essayée sur un extrait alcoolique, m'a permis

(1) Ehrlich. *Zentralb. f. klin. méd.*, IV, 721, 1883.

au contraire de constater une belle réaction de la bilirubine. A quelques centimètres cubes d'extrait alcoolique filtré, de matières de nouveau-né, j'ajoute trois ou quatre gouttes du réactif obtenu en mélangeant 40 centimètres cubes de la solution A et un centimètre cube de la solution B.

Solution A.
{ Acide sulfanilique 1gr
{ Acide chlorhydrique.................. 15cm3
{ Eau distillée... 500

Solution B.
{ Nitrite de soude..................... 0gr,50
{ Eau distillée....................... 500cm3

Le mélange des deux solutions se fait au moment du besoin.

La réaction conduite ainsi que l'ai dit plus haut, se manifeste par une teinte jaune que prend la liqueur additionnée du réactif; cette teinte vire rapidement au rouge. Par addition de quelques gouttes d'acide chlorhydrique pur, elle devient violette. Si, au contraire, on la verse avec précaution à la surface d'une solution aqueuse alcaline de soude ou de potasse au tiers, le niveau de séparation des deux liquides est marqué par trois anneaux superposés, dont l'inférieur est vert bleuâtre, celui du milieu rouge et le supérieur bleu vif.

J'ai essayé de faire un extrait aqueux, en séparant les parties insolubles par centrifugation ; la solution aqueuse ne contenait pas de pigment, la bilirubine ne se trouvant pas à l'état de combinaison alcaline dans les selles; j'ajoute que la réaction de celles-ci étant nettement acide, c'était très certainement la raison pour laquelle le pigment était à l'état libre.

C). — **Enfants et adultes.** — J'ai déjà dit précédemment que les pigments biliaires trouvés dans les matières des enfants et des adultes, étaient considérés comme pathologiques : exception faite des enfants tout jeunes, qui éliminent encore de la bilirubine normalement.

Dans ces cas et d'une façon à peu près absolue, ils sont évacués sous forme de biliverdine et de biliverdinates, que l'on peut caractériser par les réactions suivantes, applicables également en présence de bilirubinates.

Réaction de Gmelin (1). — Cette réaction est trop connue,

(1) TIEDEMANN et GMELIN. *Die Verdauung nach Versuchen*, Leipzig und Heidelberg, I, p. 80, 1826.

pour que j'en fasse une longue description; elle se traduit par des phénomènes d'oxydation, qui résultent de l'action de l'acide azotique nitreux, sur les pigments.

Les diverses colorations obtenues correspondraient à d'autres pigments contenant plus ou moins de molécules d'oxygène, suivant qu'ils sont plus ou moins éloignés du niveau de séparation des deux liquides : le jaune, terme ultime serait la cholétéline, le vert, au contraire, moins oxydé, correspondrait à la biliverdine ; entre ceux-ci se placeraient l'orangé, le rouge, le violet et le bleu.

a) *Modification de Brücke.* — Cette modification a pour but de ralentir la réaction. L'auteur indique de faire bouillir l'acide azotique pour le rendre nitreux; de le mélanger dans un verre à expérience avec le liquide à examiner et d'ajouter ensuite au fond du verre quelques gouttes d'acide sulfurique. Il y a échauffement du liquide et la série des couleurs précédentes apparaît peu à peu.

b) *Modification de O. Von Fleischl* (1). — Elle consiste à mélanger au liquide une solution concentrée d'azotate de potasse, on opère ensuite comme pour la réaction de Gmelin.

Réaction de Huppert (2). — Dans cette réaction, on précipite les pigments à l'état de combinaison insoluble avec une solution de chlorure de calcium à 10 p. 100 ; elle fut modifiée de nombreuses fois.

Huppert alcalinise la liqueur à examiner avec de la soude, il ajoute ensuite la solution de chlorure de calcium jusqu'à cessation de précipité. Celui-ci est recueilli sur un filtre et broyé ensuite avec de l'alcool chlorhydrique à 5 p. 100. La solution alcoolique filtrée est chauffée au bain-marie ; la présence des pigments biliaires est accusée par une coloration vert bleu.

a) *Modification de Salkowski* (3). — L'auteur alcalinise le liquide à examiner avec du carbonate de soude, au lieu de soude. Il opère ensuite la réaction de Gmelin, sur la liqueur chlorhydrique refroidie.

b) *Modification de Nakayama* (4). — Dans cette réaction, on précipite les pigments avec une solution de chlorure de

1) O. Von Fleischl. *Centr. f. d. médic. Wissensch.*, p. 561, 1875.
2) Huppert. *Arch. f. Heilkunde*, VIII, p. 351 et 476, 1867.
3) Salkowski. *Prakticum der Physiol. und Pathol. Chemie*, 1893.
4) Nakayama. *Zeit. Phys. Chem.* XXXVI, p. 398.

baryum à 10 p. 100. Le précipité est dissous à chaud et par
ébullition dans de l'alcool chlorhydrique à 1 p. 100, contenant une goutte de solution de perchlorure de fer officinal.
La solution filtrée est bleu verdâtre en présence de pigments biliaires; après refroidissement, par addition de I ou
II gouttes d'acide azotique nitreux, elle devient violet, puis
rouge.

Réaction de Hammarsten (1). — Le réactif proposé par cet
auteur doit avoir au moins un an d'existence avant son emploi! On l'obtient en mélangeant un volume de solution
d'acide azotique à 25 p. 100, à 19 volumes d'acide chlorhydrique à 25 p. 100. On utilise ce réactif quand il est
devenu jaune, en l'additionnant de 4 volumes d'alcool.

Pour la recherche des pigments, on mélange quelques
gouttes du liquide à examiner, à 5^{cm3} du réactif; on obtient
alors une coloration verte persistante et si on ajoute du
réactif progressivement, on passe par toute l'échelle des
teintes de la réaction de Gmelin.

Réaction de Maréchal et Rosin (2). — Elle est basée sur
l'action oxydante de l'iode. On emploie pour cela une solution alcoolique d'iode, obtenue avec 10 parties de teinture
d'iode et 100 parties d'alcool à 90°. Cette solution super-
posée au liquide aqueux contenant des pigments détermine
la présence d'un bel anneau vert au niveau de séparation.

Réaction de Hedenius (3). — Le procédé diffère de celui
de Salkowski, par la précipitation du pigment préalablement transformé en sel alcalin, au moyen de l'alcool qu'on
ajoute à la solution aqueuse de pigments, en quantité plus
ou moins grande, suivant que celle-ci contient plus ou
moins d'albumine.

Réaction de Schmidt (4). — Elle est utilisée à la fois pour
la recherche de l'hydrobilirubine et des pigments biliaires.
Les matières fécales sont délayées avec quelques gouttes
d'une solution saturée de bichlorure de mercure. On abandonne le mélange plusieurs heures; les portions qui con-

(1) HAMMARSTEN. *Lehrbuch. der Physiol. Chem.*, 1889.
(2) MARÉCHAL. *Sem. médic.*, 11 février 1893. — ROSIN. *Berlin Klinic. Woschensch.*, 1893, p. 106.
(3) HEDENIUS. Meth. zum Nachw. des Gallenf. in ikter. Flüssigk. (Upsala *Läkareforenngseb.*, 29, p. 541.)
(4) SCHMIDT et STRASBURGER. *Die Fœces des Menschen*, Berlin, 1902.

tiennent de la bilirubine, dit l'auteur, se colorent en vert.

Réaction de Grimbert (1). — Cette technique donnée par M. Grimbert, pour la recherche des pigments biliaires dans les urines, et que j'ai adaptée aux matières fécales, m'a donné les meilleurs résultats. Sa sensibilité est très grande et elle a l'avantage d'écarter les nombreuses causes d'erreur que peuvent présenter les autres méthodes; je la décrirai ultérieurement.

Réaction de Triboulet (2). — La réaction est la même que celle de Schmidt, à cela près que le réactif diffère un peu, par l'addition d'acide acétique. Nous aurons occasion de l'étudier plus spécialement à propos de l'hydrobilirubine.

Les différentes réactions dont je viens de parler, et que les auteurs déclarent devoir s'appliquer à tous les liquides contenant des pigments biliaires, peuvent être critiquées à plusieurs points de vue, soit pour les causes d'erreur qu'elles peuvent apporter, soit à cause des difficultés qu'elles présentent quand on les applique aux matières fécales.

La réaction de Gmelin, qui a été le plus souvent indiquée, peut être assez exacte, quand on l'utilise sur une solution ne contenant que des pigments biliaires, ce qui est le cas de l'extrait chloroformique obtenu avec les selles de nourrissons. Par contre, elle cesse de l'être, ainsi que MM. Gilbert et Herscher (3) le déclarent avec juste raison, en présence du chromogène, car celui-ci lui enlève beaucoup de sa netteté.

Si, au contraire, on fait la réaction sur un extrait alcoolique, elle devient inexacte; en effet, quand on superpose dans un tube à essai une couche d'acide azotique et une couche d'alcool à 90°, on voit au bout de quelques instants, au niveau de séparation des deux liquides, se former une zone bleue qui pourrait facilement être prise pour un des anneaux de la réaction de Gmelin. Cette incompatibilité a déjà été signalée par Huppert (4) à propos de la recherche des pigments dans l'urine.

(1) GRIMBERT. Recherche des Pigments biliaires dans l'urine, *Journ. de Pharm. et de Chim.*, p. 487, 1905.
(2) TRIBOULET. Société de Pédiatrie, février 1909.
(3) GILBERT et HERSCHER. De la Stercobiline. (*Presse médicale*, 26 août 1908.)
(4) HUPPERT. *Arch. der Heilkunde*, 4, 479, 1863.

Maintenant, en opérant la réaction de Gmelin sur un extrait aqueux de matières, ainsi que le conseillent MM. Gilbert et Herscher, on se trouve en présence d'autres causes d'erreur que M. Grimbert (1) signale en parlant de cette même réaction pratiquée sur l'urine. « Cette réaction, dit-il, qui réussit si bien quand on opère sur des solutions de bile fraîche, ou de bilirubine, est loin de donner des résultats satisfaisants avec l'urine. La présence d'indoxyle, d'urobiline et autres pigments, ainsi que celle de l'albumine, l'entrave quelquefois complètement; aussi nous n'hésitons pas à la rejeter malgré la faveur dont elle jouit nous ne savons trop pourquoi. »

Dans le cas des matières fécales, ces causes d'inexactitude sont encore plus accentuées, car ici nous nous trouvons en présence de proportions notables d'indol, de scatol, d'hydrobilirubine, de chromogène, de pigments divers et de matières albuminoïdes, sur lesquels l'acide azotique n'est pas sans réagir.

Il reste donc à utiliser une des méthodes permettant la séparation du pigment à l'état de sel insoluble. La technique de M. Grimbert devait, dans ce cas, être la plus sûre. J'ajoute que je n'ai pas eu le mérite d'en indiquer le premier l'application aux matières fécales.

M. Deverne la conseilla à M. Quioc (2); mais adaptée comme ces deux auteurs l'indiquent, elle me paraît impraticable et d'ailleurs incapable de donner de bons résultats. En effet, il est impossible d'obtenir une solution aqueuse des pigments évacués dans les selles, autrement que par centrifugation. De plus, il est absolument nécessaire d'ajouter un sel soluble précipitant avec le chlorure de baryum; ce précipité augmente et entraîne avec lui, d'une façon complète, le précipité formé par les pigments. Je propose donc d'opérer comme il suit :

Quelques grammes de matières fécales (la valeur d'un haricot environ), sont broyés avec du chloroforme et épuisés complètement pour enlever l'hydrobilirubine et le chromogène. Le résidu, après évaporation du chloroforme à

---

(1) GUIART et GRIMBERT. Diagn. chim. micr. et paras., 1908.
(2) QUIOC. Exam. fonct. de la secrét. bil. chez le nourrisson (*Thèse de Paris* 1909).

l'air pendant quelques instants, est repris par 5 ou 6^{cm3} d'eau distillée et 5 à 6^{cm3} de la solution : sulfate d'ammoniaque 5^{gr}, ammoniaque 10^{cm3}, eau distillée quantité suffisante pour 1.000^{cm3}. Je centrifuge pour séparer les parties insolubles, la partie aqueuse est décantée, on y ajoute X à XV gouttes de solution de chlorure de baryum à 10 p. 100. On centrifuge à nouveau pour séparer le précipité et celui-ci est repris par l'eau distillée plusieurs fois et centrifugé, afin de le laver complètement.

Je procède ensuite comme M. Grimbert l'indique pour les urines. Le précipité est traité par l'alcool chlorhydrique au 20e ; on porte au bain-marie bouillant une minute environ ; il se produit une coloration vert bleuâtre, s'il y a des pigments biliaires. Quelquefois la coloration est brunâtre ; on ajoute alors I ou II gouttes d'eau oxygénée à 10 volumes, on porte à nouveau au bain-marie et la coloration bleue ou verte apparaît.

L'addition de la solution de sulfate d'ammoniaque à l'extrait aqueux a pour but de donner naissance à un précipité de sulfate barytique, lorsque l'on ajoute le chlorure de baryum. Le précipité de sulfate de baryum, plus dense que le précipité formé par le pigment, entraîne celui-ci et permet de le séparer plus complètement. En outre, l'addition d'ammoniaque fixe la biliverdine qui pourrait exister en liberté, en donnant naissance à un biliverdinate alcalin.

Avant de terminer ce chapitre, je ferai encore cette observation : la recherche des pigments biliaires primitifs ne saurait être faite utilement sur les matières colorées avec le carmin. On sait qu'il est d'usage, pour délimiter les selles correspondant à un repas d'épreuve, de faire absorber au sujet, des cachets de carmin. Si, pour le dosage et la recherche de certains éléments, cela n'entraîne aucune difficulté, il n'en est pas de même pour les pigments biliaires et j'ajouterai pour le sang. J'ai eu l'occasion de le constater maintes fois : le carmin se trouve incomplètement entraîné dans la centrifugation, et comme on ne peut filtrer l'extrait aqueux de matières, il est impossible d'éliminer ce colorant. D'autre part, le carmin peut former, avec les sels de baryum, des combinaisons barytiques qui souillent le précipité formé par les pigments.

CHAPITRE V

Recherche de l'Hydrobilirubine et du Chromogène dans les matières fécales.

Action du bichlorure de mercure sur l'Hydrobilirubine, le Chromogène et les Hydrobilirubinates.

Méthodes diverses de recherche qualitative. Observation à propos du réactif de Denigès. Méthodes de dosage des pigments réduits.

Dans le chapitre III, relatif aux pigments réduits, j'ai déjà indiqué des réactions qui permettent de les mettre séparément en évidence. Maintenant, je ne parlerai de la caractérisation de l'hydrobilirubine, qu'en faisant l'exposé des méthodes qui consistent à la déceler d'une façon générale, sous ses trois formes.

Il est intéressant de savoir d'abord quel sera le dissolvant le mieux approprié et le plus apte à extraire la totalité du pigment. Sans que les avis émis jusqu'ici semblent basés sur aucune expérience, les uns préfèrent le chloroforme, d'autres l'alcool amylique ; M. Quioc (1), affirme que l'éther acétique est le plus sûr et le plus efficace.

J'ai pensé que pour fixer ce point, le chromogène se dissolvant dans les mêmes conditions que l'hydrobilirubine, on pouvait s'en servir comme indicateur, le sublimé étant employé comme oxydant. J'ai donc pris les dissolvants les plus connus et j'ai trituré la même quantité de matières fécales dans chacun d'eux, soit environ 2^{gr} pour 10^{cm^3} de chaque dissolvant. Après filtration, dans chaque tube correspondant à chacun des liquides, j'ai ajouté X gouttes de solution de sublimé saturée. L'extrait aqueux ne pouvant s'obtenir par filtration, les parties insolubles étaient séparées par une longue centrifugation.

(1) QUIOC. Examen fonctionnel de la sécrétion biliaire chez le nourrisson, *Thèse de Paris*, 1909.

Les tubes, hermétiquement bouchés, ont été agités fréquemment et voici ce que j'ai observé : d'abord, après quelques minutes de contact, ensuite après vingt-quatre heures,
l'oxydation du chromogène par le sublimé étant terminée.

	APRÈS QUELQUES MINUTES		APRÈS 24 HEURES
Alcool à 90°........	coloration rose assez intense		liqueur très rose, dépôt coloré assez abondant.
Acétone	—	—	liqueur jaune fluoresc., dépôt col. assez abond.
Eau distillée.......	—	—	liqueur rose vif, dépôt abondant.
Chloroforme.......	—	peu intense	liqueur rose, dépôt nul.
Alcool amylique....	—	—	— dép. tr. faible.
Ether acétique	—	—	— —
Tétrachl. de carbone	—	très peu intense	liqueur faiblemetn rose, dépôt nul.
Ether ordinaire	—	nulle	liq. incolore, dépôt nul.
Ether de pétrole ...	—	—	— —

Cette expérience, à mon avis très concluante, montre donc
que l'eau distillée, jusqu'ici considérée comme un médiocre
dissolvant, dissout au contraire le chromogène à peu près
aussi bien que l'alcool et l'acétone qui sont les meilleurs
dissolvants.

L'éther et l'éther de pétrole, quoique incolores à la fin de
la réaction, avaient cependant entraîné un peu de pigment ;
mais celui-ci ayant plus d'affinité pour la solution de sublimé
se trouvait avec elle dans le fond du tube. La dissolution du
pigment réduit dans ces deux dissolvants n'est due, comme
je l'ai indiqué à propos des propriétés du chromogène, qu'à
la présence des graisses, qui entraînent le pigment dans
leur solution.

Cette réaction avec le sublimé étant aussi nette que
la réaction avec l'acide azotique, j'ai jugé intéressant de
l'appliquer aux trois formes de l'hydrobilirubine ; nous verrons qu'elle peut être un excellent moyen de les caractériser
globalement.

Les pigments biliaires primitifs et les pigments biliaires
réduits donnent, avec le bichlorure de mercure, une belle

réaction qui fut signalée la première fois par le Professeur Schmidt (1) (de Halle). Tout récemment M. Triboulet (2) en reprit l'étude en modifiant quelque peu la formule du réactif. J'ai donc jugé utile d'étudier comparativement les deux méthodes dont les résultats semblent à première vue complètement différents.

Le réactif de Schmidt est une solution saturée de bichlorure de mercure (et non au millième comme le dit M. Quioc); celui de M. Triboulet, au contraire, est une solution acétique suivant la formule :

Bichlorure de mercure...... ... . $3^{gr},5o$
Acide acétique........... ... . 1^{cm3}
Eau distillée. .... 100^{cm3}

Hydrobilirubine. — Une solution aqueuse d'hydrobilirubine, additionnée de quelques gouttes de réactif de Schmidt, se comporte différemment suivant la réaction du milieu.

a) En milieu neutre ou très faiblement acide, elle louchit et devient rose vif. — J'obtiens une solution aqueuse d'hydrobilirubine en faisant évaporer, dans une capsule de porcelaine, une solution chloroformique de chromogène; le résidu rouge brique, qui représente de l'hydrobilirubine, est repris par un peu d'eau tiède.

J'ai observé que le mélange indiqué ci-dessus, après plusieurs filtrations successives sur le même filtre, perd de son intensité de coloration. Il abandonne un précipité rose très tenu, soluble dans l'alcool à 90° (cette solution alcoolique, présente au spectroscope, la bande de l'hydrobilirubine entre F et b et donne la fluorescence par addition d'un peu d'acétate de zinc pulvérisé). Si maintenant, on agite ce même mélange, avant filtration, avec quantité égale d'éther, celui-ci se colore en rose. En prolongeant l'agitation quelques minutes, la solution aqueuse d'hydrobilirubine a repris son état primitif, perdant sa coloration rose ; l'éther qui surnage est complètement incolore.

Ce phénomène s'explique ainsi : la solution aqueuse est dépouillée de son sublimé par l'éther; et, par ce fait même, l'action du sel de mercure sur l'hydrobilirubine, se trouve annihilée.

(1) Schmidt. *Verhandl. d. Congress f. inn. Méd.*, Bd. XIII, 1895, S. 320.
(2) Triboulet. Société de Pédiatrie, février 1909.

b) En milieu acide, elle reste jaune ambré, avec fluorescence rose. — Ce deuxième cas correspond à la méthode de M. Triboulet, avec le sublimé acétique. Le liquide filtré plusieurs fois, n'abandonne aucun précipité; toutefois si on l'agite avec de l'éther, il perd au bout de quelques instants sa fluorescence rose.

c) En milieu alcalin, l'hydrobilirubine se précipite complètement, en même temps que le sel de mercure. — J'ai choisi pour cette réaction un milieu alcalin ammoniacal, afin que le précipité mercurique ne gênât point par sa coloration.

Le pigment, ainsi précipité, est insoluble dans l'eau, dans la solution de phosphate de soude à 5 p. 100, dans le chloroforme, dans l'alcool amylique, dissolvants habituels de l'hydrobilirubine. On ne peut le dissoudre qu'en le traitant par l'alcool chlorhydrique à 2 p. 1000, ou par une solution d'iodure de potassium.

Ces différentes observations permettent-elles de conclure à une combinaison de l'hydrobilirubine et du sel de mercure ?

Non, car la dissociation si facile qui s'opère dans les deux premiers cas, par l'action de l'éther, me permet d'en douter.

Le pigment joue un peu le rôle des indicateurs colorants vis-à-vis du sublimé.

Dans le troisième cas, il est impossible, en effet, de séparer le précipité mercurique, du précipité formé par le pigment.

Chromogène. — La coloration rose ou rouge qui résulte de l'action du bichlorure de mercure sur les solutions de chromogène est très intense.

Lifschütz [1], en fit la remarque, en disant à propos de cette réaction, que le pigment résultant de la réduction de l'hydrobilirubine, donne avec le sublimé une coloration rouge encore plus belle que l'hydrobilirubine elle-même.

Quoiqu'il en soit, le chromogène se comporte autrement que l'hydrobilirubine. Je le démontrerai par l'étude comparative des deux réactions (réaction de Schmidt, réaction de Triboulet) sur un extrait aqueux de matières fécales dépourvues d'hydrobilirubine en nature et contenant une quantité notable de chromogène.

[1] Lifschütz. *Wratsch.*, 1907, n° 2.

Observations personnelles sur les réactions de Schmidt et de Triboulet.

L'extrait aqueux servant aux deux réactions s'obtient en triturant, au mortier, une petite portion de matières fécales avec 40 ou 50^{cm3} d'eau distillée; on sépare par une centrifugation prolongée les particules insolubles, la filtration étant impraticable.

Le liquide aqueux est réparti en deux tubes : dans l'un on ajoute X gouttes de réactif de Schmidt, dans l'autre X gouttes de réactif de Triboulet. Après agitation, les deux tubes sont laissés au repos pendant vingt-quatre heures environ. Au bout de ce temps, si l'on examine dans chacun d'eux le liquide et le précipité formé, voici les transformations que l'on observe :

RÉACTION DE SCHMIDT

a) *Liquide.* — Couleur rose.

Filtré et examiné au spectroscope, il donne une bande large peu accentuée de F au-delà de *b*.

Agité avec du chloroforme, il ne lui cède pas son principe colorant.

L'éther ne change rien à l'état de la réaction.

L'alcool amylique dissout le pigment, mais cette solution ne donne pas de fluorescence avec l'acétate de zinc pulvérisé.

b) *Précipité.* — Le précipité de couleur rose, est insoluble dans l'eau, dans l'alcool à 90°, l'alcool amylique et les autres dissolvants de l'hydrobilirubine.

Il est soluble dans l'alcool chlorhydrique à 2 p. 1.000, dans une solution faible d'iodure de potassium. Dans ces deux solutions, on caractérise facilement l'hydrobilirubine par sa bande et sa fluorescence.

Le résidu final, est constitué par des matières albuminoïdes, caractérisées par la réaction du biuret.

RÉACTION DE TRIBOULET

a) *Liquide.* — Couleur jaune ambré avec fluorescence rose.

Filtré et examiné au spectroscope, il donne une bande entre F et *b*, près de F.

Agité avec du chloroforme, il abandonne de l'hydrobilirubine, caractérisée par sa bande et sa fluorescence avec les sels de zinc.

L'éther fait disparaître la fluorescence rose.

L'alcool amylique agit comme dans la réaction de Schmidt.

b) *Précipité.* — Il présente les mêmes caractères que dans la réaction de Schmidt, sauf toutefois que le résidu final semble contenir un peu plus de matières albuminoïdes précipitées.

L'interprétation de ces réactions me permet d'affirmer la formation, dans chacune d'elles, d'un précipité contenant de l'hydrobilirubinate de mercure, mélangé aux substances albuminoïdes.

J'ai lavé ce précipité à l'alcool, à l'éther, puis à l'eau distillée, pour lui enlever les traces de bichlorure de mercure pouvant le souiller. Je l'ai délayé ensuite dans quelques centimètres cubes d'eau distillée ; et, en projetant dans le mélange, un petit cristal d'iodure de potassium, j'ai remarqué la formation d'iodure de mercure caractérisé par sa solubilité dans un excès d'iodure de potassium ; de plus, j'ai pu extraire de la solution aqueuse, le pigment libéré, par le chloroforme ; et je l'ai caractérisé, comme on l'a déjà vu précédemment.

La différence entre les deux réactions, c'est que le réactif de M. Triboulet, par son acidité, retient de l'hydrobilirubine en solution, tandis qu'à la longue, dans la réaction de Schmidt, le pigment précipite complètement à l'état de combinaison insoluble. On assiste à cette précipitation lente du pigment, qui donne une combinaison si tenue, qu'on ne peut la séparer complètement par centrifugation, ni par filtration ; la partie supérieure du liquide contenu dans le tube, où l'on a fait cette dernière réaction, devient peu à peu limpide et incolore, et elle ne décèle plus à l'analyse que des traces de sel de mercure.

Le tube correspondant à la réaction de M. Triboulet, dans les mêmes conditions, devient bien limpide, mais il reste malgré cela coloré par le pigment dissous.

Hydrobilirubinates. — Les matières dépouillées de l'hydrobilirubine en nature et du chromogène, par des lavages au chloroforme, sont traitées par de l'alcool à 90°, qui dissout très facilement les hydrobilirubinates. Après filtration, on divise la liqueur alcoolique en deux portions, et on opère simultanément les deux réactions précédentes.

Après un certain nombre d'heures, on remarque un précipité rose dans chaque tube, un peu plus abondant toutefois par la réaction de Schmidt. Ce précipité, examiné, possède les mêmes caractères que dans l'expérience précédente. J'ajouterai encore que, dans le tube correspondant à la réaction de M. Triboulet, on observe nettement la bande de l'hydrobilirubine.

L'adjonction de l'acide acétique au bichlorure de mercure n'exagère nullement, à mon avis, le pouvoir oxydant (1) de ce dernier, il ne fait que modifier la réaction ; les résultats ne sont ni plus rapides, ni plus nets, car avec la solution de bichlorure de mercure saturée, on obtient une oxydation instantanée.

Malgré cela, si la sensibilité et la valeur de ce nouveau procédé n'offrent au point de vue chimique aucun avantage bien spécial, néanmoins, il peut être employé au même titre que celui de Schmidt.

Je crois devoir apporter aussi une rectification au sujet de l'interprétation de la réaction de M. Triboulet, donnée par M. Cawadias (2) tout récemment. D'après cet auteur, M. Triboulet dirait : réaction rose, pigment hépatique normal, hydrobilirubine ; réaction verte, évacuation trop rapide, absence de processus de réduction, « si la réaction est jaune, nous sommes en présence de stercobiline, c'est-à-dire d'un pigment modifié défavorablement et produit par un foie qui fonctionne mal ».

Je ne sache pas que M. Triboulet ait jamais établi une différence entre la stercobiline et l'hydrobilirubine et surtout considéré la stercobiline comme pigment anormal. Dans l'étude des différentes colorations obtenues par sa méthode, l'auteur parle bien d'un pigment autre que l'hydrobilirubine et qu'il considère comme un pigment surajouté ; mais nulle part, je crois, il n'attribue à la stercobiline et à l'hydrobilirubine des réactions spéciales permettant de différencier ces deux mêmes pigments.

Comme je l'ai déjà fait remarquer, ces deux termes sont synonymes et désignent exactement le même corps.

Le bichlorure de mercure, ainsi que l'on vient de le voir, peut donc servir très utilement à la recherche de l'hydrobilirubine. C'est la réaction la plus simple, à la portée de tous les cliniciens, et, comme le dit M. Triboulet fort justement, elle peut, dans une certaine mesure, permettre d'apprécier à la fois les fonctions biliaires et les fonctions intestinales par : l'observation très attentive du liquide

(1) Quioc. Examen fonctionnel de la sécrétion biliaire chez le nourrisson, *Thèse de Paris* 1909, p. 39.

(2) A. Cawadias. L'examen fonctionnel de l'intestin par l'étude des fèces (*Progrès médical*, 21 mai 1910, p. 288.

d'après sa coloration et du dépôt suivant son abondance.

Seulement, j'estime qu'il serait préférable d'opérer sur des extraits aqueux, obtenus par une longue centrifugation, plutôt que sur les selles elles-mêmes. On éliminerait ainsi, de nombreuses causes d'erreur, fournies par les résidus et les substances étrangères, qui peuvent donner : soit une coloration spéciale, soit une atténuation à la coloration produite par le pigment biliaire.

Lorsque l'on a affaire à des extraits aqueux, contenant du pigment biliaire non réduit, (biliverdine ou biliverdinates), on remarque que la précipitation des matières albuminoïdes est beaucoup plus importante. Cette précipitation entraîne complètement le pigment, et le liquide se clarifie très vite en devenant tout à fait incolore.

Dans les extraits qui, au contraire, contiennent du pigment réduit, on constate un précipité moins abondant et plus lent à se former, le liquide se décolore aussi moins rapidement.

L'hydrobilirubine et son chromogène sembleraient donc se fixer plus difficilement sur les matières albuminoïdes, que le pigment primitif, qui se précipite avec elles, presque instantanément.

M. Triboulet suppose qu'il existe dans les selles à réaction vive (réaction qu'il dénomme normale par excès), un pigment sur lequel le bichlorure de mercure réagirait avec intensité ; là, n'est peut-être pas la véritable explication de ces réactions exagérées. Je serais plus porté à croire qu'elles proviennent simplement du chromogène ; soit que dans les selles qui produisent ces colorations il existe en plus grande abondance, soit, au contraire, et c'est peut-être la meilleure raison, qu'il se trouve à un degré de réduction plus ou moins avancé. Car, ainsi que je l'ai exposé dans l'étude du chromogène, on peut assister graduellement à son retour vers le point de départ, en utilisant l'évaporation à l'air libre comme moyen d'oxydation lente.

L'intensité de la coloration produite par le bichlorure de mercure serait peut-être ainsi en rapport avec le degré de réduction de l'hydrobilirubine.

Dans les cas pathologiques qui fournissent ces réactions intenses, il serait donc utile d'étudier l'état du chromogène : par la comparaison entre les différentes réactions obtenues avec les oxydants et par l'appréciation de la quantité de chromogène, puisque le dosage exact n'est pas très pratique. Avec ces données, on trouverait peut-être une explication à ces réactions anormales.

Les dépôts colorés, remarqués par M. Triboulet, qui se formaient dans l'extrait de ces mêmes selles, avec l'éther acétique, après la réaction de fluorescence, ne sont, autant que j'ai pu m'en assurer, que des combinaisons lentes du chromogène avec le sel de zinc.

Je n'ai eu que rarement de ces précipités et en quantité extrêmement minime ; néanmoins, j'ai pu constater qu'ils se dissolvaient très facilement dans l'alcool chlorhydrique, en laissant de l'hydrobilirubine en solution.

Précédemment, j'ai dit quelques mots de l'action des sels de zinc sur l'hydrobilirubine et le pouvoir qu'ils avaient de communiquer aux solutions alcooliques, chloroformiques ou éthérées, cette fluorescence verte tout à fait spéciale. Il me reste maintenant à donner un aperçu des différentes techniques, applicables à la recherche de l'hydrobilirubine, autres que celles que je viens d'indiquer.

Méthode de Hari (1). — Ce moyen de recherche diffère très peu de la réaction de Schmidt. Il consiste à agiter les selles avec une solution de bichlorure de mercure saturée. On filtre, on agite ensuite avec du chloroforme dans lequel on caractérise l'hydrobilirubine. Cette façon de procéder présente de nombreux inconvénients sur lesquels il est superflu d'insister. Elle est erronée, parce que la seconde partie de l'opération est parfaitement inutile et défectueuse, en ce sens, que l'hydrobilirubine a beaucoup plus d'affinité pour la partie aqueuse : le chloroforme ne peut en enlever qu'une très faible quantité.

Méthode de Chauffard et Rendu (2). — La technique suivie par MM. Chauffard et Rendu est exactement celle qui a été donnée précédemment par M. Grimbert (3) pour les urines. Les auteurs font un extrait aqueux des matières fécales, qu'ils traitent par le réactif de Denigès (réactif au sulfate acide de mercure). Le liquide filtré est ensuite agité

(1) Hari. *Vergl. Boas Diagn. und Thér. der Darmkr.*, Leipzig, 1886, S.113.

(2) Chauffard et Rendu. Urobiline fécale, *Presse médicale*, n° 69, août 1907.

(3) Grimbert. Recherche de l'urobiline dans les urines. *C. R. de la Soc. de Biol.*, LVI, p. 599, 1904 ; *Journ. de Pharm. et de Chim.*, p. 487, 1905.

avec du chloroforme ; celui-ci dissout de l'hydrobilirubine qui est caractérisée par le réactif alcoolique d'acétate de zinc à 1 p. 1000.

Dans cette opération, l'oxydation du chromogène se produit très rapidement ; le pigment se trouve mis en liberté totalement. Mais il est à remarquer que le chloroforme enlève très imparfaitement le pigment libéré, dans ce cas encore, celui-ci ayant beaucoup plus d'affinité pour la solution aqueuse fortement acide. Au contraire, si l'alcool amylique est substitué au chloroforme, ce dissolvant enlève complètement le pigment, mais en même temps il s'acidifie fortement, ce qui ne se produit pas avec le chloroforme. La solution amylique, examinée au spectroscope, donne bien la bande de l'hydrobilirubine, mais elle ne devient pas fluorescente si on y ajoute de l'acétate de zinc. Cette remarque s'applique également à la recherche de l'urobiline dans les urines. A ce propos, je crois pouvoir réfuter l'affirmation de M. Durand (1) qui dit, en parlant du procédé de M. Grimbert (2) pour la recherche de l'urobiline dans les urines: « Ce procédé a un inconvénient, c'est que la défécation préalable au sulfate acide de mercure, précipite l'urobiline en grande partie et qu'on n'obtient la fluorescence caractéristique, que si l'urine contient une proportion notable d'urobiline. »

Le sulfate acide de mercure (réactif de Denigès) ne précipite pas l'urobiline ; il peut se faire qu'il y ait une faible quantité de pigment entraîné par le précipité qui se forme dans la défécation, mais ceci n'empêche nullement d'obtenir la réaction décrite par M. Grimbert, car il reste suffisamment d'urobiline dans la liqueur filtrée, pour provoquer la fluorescence. Je partage plutôt l'opinion de l'auteur, qui affirme que ce procédé est très utile pour retrouver des traces d'urobiline, quand on se trouve en présence d'autres pigments, et, c'est le cas de l'urine, ou des matières fécales.

Ceci dit, la meilleure façon d'appliquer ce procédé aux matières fécales, c'est d'en délayer environ la grosseur d'un

(1) R. DURAND. Urobiline, procédés de recherche, *Progrès médical*, 22 janvier 1910, p. 45.
(2) GUIART et GRIMBERT. Recherche de l'urobiline dans les Urines. *C. R. de la Soc. de Biol.*, LVI, p. 599, 1904; *Journ. de Pharm. et de Chim.*, XIX, p. 425, 1904.

haricot dans 3o centimètres cubes d'eau ; on ajoute 20 centimètres cubes de réactif de Denigès. Après quelques minutes de contact, on centrifuge longuement. La solution, de couleur rose ou rouge suivant la quantité d'hydrobilirubine, est agitée doucement avec de l'alcool amylique. La solution amylique, filtrée, présente au spectroscope une bande très marquée entre F et *b*, plus près de F. Pour la rendre fluorescente, on la neutralise en y ajoutant de l'ammoniaque goutte à goutte, jusqu'à réaction neutre ou très faiblement acide ; dans ce liquide déjà trouble, on jette une pincée d'acétate de zinc pulvérisé et on filtre. Le filtrat présente alors une très belle fluorescence.

Méthode de Fleischer. — Les selles sont épuisées avec de l'eau ammoniacale, on filtre et on ajoute du chlorure de zinc; il en résulte un précipité rouge foncé que l'on recueille sur un filtre et que l'on reprend par l'alcool ammoniacal. Outre la fluorescence, on a, au spectroscope, la bande de l'hydrobilirubine entre F et *b*, plus près de *b*. Cette méthode très lente à cause des filtrations, n'est pas très pratique ; aussi ne peut-elle être mentionnée qu'à titre d'indication.

Méthode de Gilbert et Herscher (1). — Ces auteurs recherchent séparément l'hydrobilirubine et son chromogène.

Pour l'hydrobilirubine, ils traitent les matières fécales par l'alcool amylique. La solution, filtrée, est examinée au spectroscope, elle est ensuite rendue fluorescente par l'addition de quelques gouttes d'une solution de chlorure de zinc ammoniacale. Après cette opération, la bande d'absorption se trouve un peu reportée vers la gauche du spectre. MM. Gilbert et Herscher ajoutent que la recherche peut se faire identiquement, en employant le chloroforme et en substituant au chlorure de zinc la solution alcoolique d'acétate de zinc.

Le chromogène se caractérise dans l'alcool amylique, par l'addition de quelques gouttes de liqueur de Gram ; si la bande de l'hydrobilirubine existait préalablement, elle devient plus intense par oxydation et transformation du chromogène en hydrobilirubine.

Si le chloroforme est employé comme dissolvant, ils caractérisent le chromogène par addition de quelques gouttes

(1) GILBERT et HERSCHER. De la Stercobiline. *Presse médicale*, 26 août 1908.

d'acide azotique nitreux. J ai déjà eu l'occasion de parler de
cette très intéressante réaction, en montrant comment on
peut l'obtenir avec une solution de chromogène dans l'alcool
amylique ou dans l'éther acétique et de quelle façon cette
solution peut devenir fluorescente.

Je citerai enfin une méthode très simple et très rapide de
recherche de l'hydrobilirubine et du chromogène, que M. le
Professeur Grimbert a eu l'obligeance de me signaler et qui
se rapproche de la méthode donnée par Schlesinger (1) pour
déceler l'urobiline dans les urines.

On prélève un peu de matière fécales que l'on mélange
avec de l'acétate de zinc pulvérisé ; on verse 10 ou 15 centimètres cubes d'alcool sur le tout et, après agitation de
quelques minutes, on filtre. La solution alcoolique obtenue
est fluorescente, et, si on l'examine au spectroscope, elle
présente la bande caractéristique de l'hydrobilirubine.

Dans cette réaction, l'acétate de zinc en excès paraît
oxyder le chromogène.

Pour obtenir un effet sur toute la masse pigmentaire, on
peut employer l'alcool faiblement acidulé avec l'acide chlorhydrique, par exemple à 2. p. 1.000 ; on décompose ainsi
les hydrobilirubinates et cette très faible acidité ne gêne
pas pour avoir la fluorescence.

Les méthodes de recherches qualitatives de l'hydrobilirubine sont donc, comme on le voit, peu nombreuses ; elles
se ramènent invariablement à deux opérations : examen de
la bande d'absorption, fluorescence sous l'action des sels
de zinc ; ce sont du reste les seuls moyens connus jusqu'à
présent. La fluorescence est certainement le plus sensible
des deux, car elle apparaît souvent encore, quand la bande
n'est plus visible au spectroscope.

En affirmant cette opinion, je crois pouvoir dire, que si
cette réaction n'a pas toujours donné de bons résultats à
ceux qui l'utilisèrent, c'est qu'ils cherchaient à l'obtenir
dans des conditions défectueuses. Cette propriété des sels
de zinc fut observée par Jaffé, au cours des recherches
qu'il fit sur l'urobiline ; mais c'est Riva (2) qui, le premier,
chercha à l'appliquer directement sur le pigment, en isolant

(1) Schlesinger, Journ. médic. de Bruxelles, n° 47, 25 novembre 1907.
(2) Riva. De quelques pigments de l'urine humaine, Gazetta médica de Torino, 1894.

celui-ci par l'alcool amylique. Pendant longtemps, le chlorure de zinc eut la préférence, et, le nombre des méthodes indiquées pour l'emploi de ce réactif fut si grand, que je renonce à les décrire. Chaque auteur, bien entendu, s'ingéniait à augmenter le pouvoir de fluorescence, par une formule appropriée.

Roman et Delluc (1) proposèrent la substitution de l'acétate de zinc au chlorure; leur réactif est peut-être d'un emploi plus facile que les réactifs contenant du chlorure de zinc, mais il demande également les précautions que j'ai indiquées antérieurement, si l'on veut obtenir l'intensité maximum de fluorescence.

On ne peut établir aucune différence entre les sels de zinc, car ils peuvent tous donner une belle réaction, à la condition d'être employés sur des solutions d'hydrobilirubine neutres ou très faiblement acides. J'ai essayé ainsi le sulfate, le lactate, le formiate, etc.; avec tous, j'ai obtenu des résultats équivalents.

M. Weitz (2) vient de faire une observation identique, mais il objecte que les sels de zinc à base d'acides forts, sont d'un emploi moins facile; il propose alors de neutraliser leurs solutions qui sont plus acides que celles des sels à acides organiques, en y ajoutant de l'ammoniaque jusqu'à réaction neutre.

MÉTHODES DE DOSAGE

On a essayé de mettre en pratique un certain nombre de méthodes de dosage, mais comme pour l'urobiline, on se trouve en présence de difficultés qu'il est impossible de résoudre. Au reste, je ne crois vraiment pas que le dosage de l'hydrobilirubine puisse apporter des indications bien précises à la clinique; j'estime qu'il est bien suffisant de pouvoir dire s'il y en a peu ou beaucoup.

Les méthodes les plus connues sont celles qui ont été données par Müller et Gerhardt, Hoppe-Seyler, puis par Saillet, Auché; enfin j'en ajouterai une plus récente, proposée par M. Descomps : voici en quelques mots leur principe.

Méthode de Méhu, transformée par Müller et Gerhardt (3). —

---

(1) ROMAN et DELLUC. *Journ. de Pharm. et de Chim.*, XII, p. 293, 1897.
(2) WEITZ. *Journ. de Pharm. et de Chim.*, juin 1910.
(3) MÜLLER et GERHARDT. *Verhandlungen der Schlesis. Gesellsch. f. vaterl. Cult.*, 1892.

Un poids donné de matières fécales sèches ou fraîches est mélangé avec une solution barytique très chaude (eau de baryte saturée, une partie, solution de chlorure de baryum, deux parties).

On fait chauffer quelques minutes et on filtre ; le résidu est repris plusieurs fois de la même façon. Les liqueurs barytiques sont mélangées et l'excès de baryum est ensuite précipité par une solution concentrée de sulfate de soude, on filtre à nouveau jusqu'à ce que la solution soit devenue claire. Le filtrat est acidifié faiblement avec de l'acide sulfurique et l'hydrobilirubine est précipitée par l'addition d'un excès de sulfate d'ammoniaque pulvérisé, on laisse en contact pendant vingt-quatre heures.

Le précipité est recueilli sur un filtre et lavé, on le dissout ensuite dans l'alcool légèrement acidifié avec de l'acide sulfurique, ou encore dans un mélange alcool-éther acidifié de la même façon. Les liqueurs alcooliques, réunies sous un volume déterminé et mélangées, sont examinées au spectrophotomètre (1).

L'appareil de Vierordt est le plus anciennement connu ; c'est un spectroscope dont la partie mobile de la fente se compose de deux ouvertures égales. Celles-ci sont manœuvrées chacune à l'aide d'une vis micrométrique indépendante, pouvant indiquer en fractions de millimètres, la largeur de la portion correspondante de la fente. On peut avoir ainsi deux spectres superposés et d'intensité différente.

La lunette oculaire porte en outre un dispositif permettant de cacher la partie du spectre qui n'a pas à être examinée.

Le liquide est placé dans une petite cuvette à parois parallèles, à 11 millimètres d'écart ; un bloc de verre d'une épaisseur de 10 millimètres est introduit dans la cuve et remplit la moitié inférieure, ne donnant ainsi au liquide, dans cette portion de la cuve, qu'une épaisseur de 1 millimètre.

Quand on examine le liquide, les deux fentes étant préalablement mises à la même largeur, on observe deux spectres différents : un lumineux et un sombre. Il suffit alors de rétablir l'intensité des deux spectres, en déplaçant la vis micrométrique de la fente inférieure.

(1) VIERORDT. *Die Anwend des Spectralp. zur Photom.*, Tübingen, 1873. — *Die quantitative Spectralanalyse in irher Anwend. auf Physidog.*, Tübingen, 1876.

Soit J l'intensité de la lumière incidente primitive, α le coefficient d'absorption du liquide. D'après les calculs de Vierordt,

$$\alpha = -\log. \mathrm{J}.$$

Le degré de concentration du liquide est obtenu en multipliant α par la constante, 0,0552. (Pour simplifier les calculs, Vierordt a dressé des tables qui permettent d'avoir très rapidement les résultats.)

Méthode de Hoppe-Seyler (1). — Ce n'est du reste qu'une modification très simplifiée de la méthode précédente. Le précipité obtenu avec le sulfate d'ammoniaque est dissous dans le chloroforme. La solution chloroformique est ensuite agitée avec le double environ de son volume d'eau; puis après repos, elle est décantée et évaporée. Le résidu pesé donne la quantité d'hydrobilirubine.

Méthode de Saillet. — Les matières fécales de vingt-quatre heures sont diluées dans l'eau ammoniacale, de façon à donner un grand volume, trois litres par exemple. On prélève 300^{cm3} du mélange, et on y ajoute quelques gouttes de teinture d'iode pour oxyder le chromogène.

On filtre et le résidu est lavé à l'eau ammoniacale. Les liqueurs ammoniacales sont réunies et l'hydrobilirubine précipitée par le sulfate d'ammoniaque. Après quelques heures de contact, l'hydrobilirubine se rassemble sous forme de gros flocons bruns, on verse 100^{cm3} de chloroforme sur le tout et on agite énergiquement.

L'hydrobilirubine doit se dissoudre entièrement dans le chloroforme, on prélève la moitié de la solution chloroformique et, sur 1^{cm3}, on fait l'examen au spectroscope. Puis on dilue graduellement cette solution dans l'alcool absolu et, par tâtonnement, on examine chaque dilution jusqu'à ce que la bande de l'hydrobilirubine devienne invisible. Par calcul, on détermine la quantité de pigment contenu dans la solution primitive.

Méthode d'Auché (2). — Le principe de cette méthode est basé sur l'appréciation de l'intensité de la bande de l'hydrobilirubine, par l'examen spectroscopique.

Pour cela, l'auteur prépare d'abord une solution d'hydro-

(1) HOPPE-SEYLER. *Virchow's Archiv.*, p. 30, 1891.
(2) AUCHÉ. *C. R. de la Soc. de Biol.*, réunion biologique de Bordeaux, 6 juillet 1909.

bilirubine purifiée ; il indique un procédé d'extraction, en partant des matières fécales. Le chromogène étant séparé par le chloroforme et oxydé par évaporation à l'air libre, donne naissance à de l'hydrobilirubine. Ce pigment est débarrassé de ses impuretés par une série de lavages à la ligroïne et à l'eau distillée. Je ne décris pas tous les détails de la préparation qui nécessite de nombreuses manipulations. M. Auché n'affirme pas que l'hydrobilirubine ainsi obtenue soit rigoureusement pure ; mais il croit avoir un produit toujours homogène et identique, donnant des solutions de bonne conservation.

Le moyen employé par l'auteur pour doser sa solution d'hydrobilirubine pure, consiste à augmenter d'intensité l'une des bandes d'une solution de permanganate de potasse, par l'interposition de la solution d'hydrobilirubine, voici comment. Une solution de permanganate de potasse étendue (solution normale de permanganate de potasse II à III gouttes, eau distillée 20$^{cm^3}$) examinée au spectroscope, sous l'épaisseur d'un centimètre, accuse cinq bandes, 1, 2, 3, 4, 5. Les bandes 1 et 5 sont très faibles, les bandes 2 et 3 égales comme intensité et plus noires que la bande 4. La bande 4 correspond à la bande de l'hydrobilirubine zincique (solution d'hydrobilirubine dans l'eau distillée, additionnée de quelques gouttes de cyanure de zinc ammoniacal et neutralisée ensuite par l'acide acétique).

En superposant la solution de permanganate et la solution d'hydrobilirubine, on peut arriver par tâtonnement à faire équivaloir les trois bandes 2, 3, 4, la bande de l'hydrobilirubine renforçant la bande 4 de la solution de permanganate de potasse. Une légère augmentation d'hydrobilirubine fait paraître les bandes 2 et 4 égales et plus foncées que la bande 3 et M. Auché estime que l'on peut obtenir ce contraste curieux avec une solution à 1 p. 200.000.

La solution de permanganate de potasse ainsi titrée, forme l'étalon ; pour doser une solution quelconque d'hydrobilirubine, on placera dans une fiole à fond plat graduée en hauteur, la solution de permanganate de potasse ; devant on disposera une fiole semblable graduée contenant de l'eau ou de l'alcool. En versant dans celle-ci goutte à goutte la solution d'hydrobilirubine à examiner, traitée préalablement par le cyanure de zinc ammoniacal et neutralisée par l'acide

acétique, il arrivera un moment, où l'égalité des teintes se
produira pour les trois bandes 2, 3, 4, ce qui indiquera que
la solution contenue dans le flacon est à 1 p. 200.000.
M. Auché ajoute, qu'en triplant le volume de la solution
d'hydrobilirubine avec de l'eau, on doit avoir la même égalité des bandes sous une épaisseur de trois centimètres.

« Le volume du liquide contenu dans la fiole d'essai,
donne le poids (p) d'urobiline correspondant au volume (v)
de la solution urobilinique employée. Il n'y a plus qu'à établir le rapport au litre ou tout autre » (Auché).

Cette méthode de dosage, paraît assurément très intéressante ; la seule critique que je me permette d'y faire, c'est
que l'auteur la donne comme manipulation facile dans les
recherches cliniques. Je crois, au contraire, qu'elle nécessite beaucoup de précautions et une habitude qui ne peuvent s'acquérir qu'en l'appliquant dans les laboratoires.

Je tiens à mentionner encore une dernière méthode, dont
je viens de prendre connaissance, à l'issue de mes recherches.

Méthode de Descomps. — Dans ce nouveau procédé de dosage,
l'auteur a eu l'idée d'utiliser comme base, la *fluorescence*.

Pour cela M. Descomps a imaginé un dispositif très ingé-
nieux, permettant de saisir exactement le moment où la
fluorescence s'opère.

L'appareil de M. Descomps se compose de deux parties :
1° Un dispositif spécial, servant à concentrer les rayons
lumineux fournis par l'arc électrique et à les diriger sur une
cuve rectangulaire contenant la solution alcoolique du sel de
zinc (*réactif révélateur*). La cuve rectangulaire est enfermée
dans une petite caisse formant chambre noire et portant un
viseur sur le côté.

2° Une burette graduée en centièmes de centimètres
cubes (*hydrobilirubinomètre*), adaptée sur la chambre noire
et placée directement au-dessus de la cuve.

L'auteur a choisi, comme réactif de fluorescence, une solution alcoolique de valérianate de zinc ; ici, je me permettrai
une légère critique sur la préférence que M. Descomps a
tenu à accorder à ce sel. A mon avis, le valérianate de zinc
ne peut donner une fluorescence plus remarquable que
celle qui est obtenue avec l'acétate de zinc, admis généralement par tous les laboratoires d'analyses (réactif de Roman
et Delluc).

Je répète, ce que j'ai dit précédemment au sujet de la fluorescence, à savoir : *que tous les sels de zinc peuvent la provoquer avec la même intensité, s'ils sont employés dans des conditions favorables.* Ceci dit, pour éviter d'augmenter à l'infini, le nombre des réactifs basés sur la même action chimique ; et dans le cas particulier, ce n'est pas la qualité du sel de zinc, qui peut faire varier la fluorescence, qu'il soit valérianate, chlorure, ou acétate, mais bien les conditions suivant lesquelles on opère.

Pour effectuer le dosage avec son appareil, M. Descomps place 10^{cm3} de solution alcoolique de valérianate de zinc dans la cuve rectangulaire, sur laquelle il dirige le faisceau de rayons lumineux. La solution d'hydrobilirubine dans l'alcool amylique étant versée dans la burette graduée, on la laisse tomber goutte à goutte dans le réactif, jusqu'à disparition du louche, en ayant soin d'arrêter l'écoulement au moment précis où le liquide s'éclaircit, indice de l'apparition de la fluorescence.

Le titrage du réactif révélateur s'obtient avec une solution étalon d'hydrobilirubine du commerce (en l'espèce l'auteur a utilisé l'urobiline de Merck). Là, précisément, comme M. Descomps l'a fait remarquer, on ne peut avoir de sécurité absolue, sur la valeur exacte de la solution titrée. L'hydrobilirubine est un produit mal défini, qui n'a pas encore été isolé à l'état de pureté absolue. Sa constitution chimique, bien qu'on ait doté ce pigment d'une formule, est encore à établir. Si donc, l'on considère ce principe de la méthode comme exact, il faut, toutefois, faire des réserves sur la garantie offerte par le dosage effectué dans ces conditions.

Ces méthodes, bien qu'elles aient un semblant de caractère de précision, sont très rarement employées et, pour un chimiste un peu exercé, la réaction de Schmidt ou l'intensité de la fluorescence par les sels de zinc pourront servir de moyens d'approximation très suffisants.

Méthode personnelle pour la détermination de la quantité approximative d'*hydrobilirubine* dans les selles.

J'ai utilisé pour mon compte personnel, dans mes recherches, un moyen assez simple d'évaluation de l'hydrobilirubine.

Dans un tube à essai, je mettais environ 2^{gr} de matières, j'ajoutais 10 ou 15^{cm3} de chloroforme et V gouttes de solution saturée de bichlorure de mercure. Le tube bouché hermétiquement, était agité fréquemment et le mélange laissé en contact pendant vingt-quatre heures.

Au bout de ce temps, je filtrais le liquide devenu rose ou rouge, suivant la proportion d'hydrobilirubine contenue dans les selles ; et ainsi qu'on le fait habituellement pour la recherche de l'indican dans les urines, je constatais si le pigment était plus ou moins abondant.

La quantité d'hydrobilirubine qui se rencontre dans les matières fécales est soumise à de grandes variations. Gerhardt a fait remarquer que les proportions de matière pigmentaire évacuées respectivement par les urines et par les selles n'étaient jamais uniformes, chez un même sujet, d'un jour à l'autre. D'après cet auteur, il faut additionner ces deux quantités, si l'on veut se faire une idée approximative de l'élimination totale.

Müller trouva, par sa méthode de dosage (p. 68), chez des personnes nourries exclusivement au blanc d'œuf et au lait, 83 à 89^{mgr} d'hydrobilirubine en vingt-quatre heures. D'après Ladage, il faudrait compter environ 100^{mgr}, pour un individu normal, éliminés tant par les urines que par les matières fécales.

Schmidt et Strasburger admettent que ni la rapidité du passage des matières fécales dans l'intestin, ni l'intensité du processus de putréfaction, n'ont d'influence sur la quantité de pigments biliaires contenus dans les selles. Cette quantité serait en rapport avec le pouvoir absorbant du segment intestinal, où se produit la résorption de l'hydrobilirubine et Ladage estime, d'après ses expériences, qu'elle est plus importante quand la réduction du pigment biliaire se fait dans l'intestin grêle.

CHAPITRE VI

Régime d'épreuve.
Résumé de la technique à suivre
pour la recherche qualitative
des Pigments primitifs et des Pigments réduits.

———

Un régime d'épreuve, exactement déterminé, est absolument nécessaire, cela est indiscutable, pour établir le bilan de la digestion; en est-il de même quand il s'agit d'apprécier, par l'examen des matières fécales, l'état de la fonction biliaire? Je ne le pense pas; toutefois, il sera bon d'éliminer de l'alimentation les végétaux contenant de la chlorophylle, celle-ci ayant une action propre sur le spectre et pouvant par la suite devenir gênante.

Il serait, à mon avis, préférable d'opérer comme pour la recherche du sang, lorsque l'on veut déceler les hémorragies intestinales occultes : donner au sujet pendant quelques jours, un régime lacté et hydrocarboné, en excluant les végétaux à chlorophylle. Les recherches des pigments biliaires et du sang pourraient ainsi se faire parallèlement.

J'ajoute que la viande n'a aucune action contraire pour la réaction, s'il s'agit des pigments. Mon but, en proposant le régime adopté pour la recherche du sang, est simplement d'éviter aux malades plusieurs régimes différents.

Je dois rappeler ici un fait dont j'ai parlé antérieurement. Pour délimiter les selles correspondant aux repas d'épreuves, quand il s'agit d'établir le bilan digestif, on fait volontiers ingérer une certaine quantité de substance colorante. J'ai montré, à propos de la recherche des pigments primitifs, comment l'absorption des cachets de carmin, pouvait nuire à cette recherche. Cette remarque, comme je l'ai déjà dit, s'applique aussi à la recherche du sang : c'est donc une raison de plus, qui engage à la faire en même temps que celle des pigments. En insistant sur l'exclusion du carmin, je ne fais, du reste, que m'associer aux idées de M. Rousselet (1), qui a suffisamment montré les causes d'erreur, que l'emploi de ce colorant pouvait occasionner dans les analyses coprologiques.

Je vais maintenant résumer la technique qui me paraît la mieux appropriée à la recherche des pigments biliaires dans les selles.

Un échantillon de matières fécales fraîchement émises, de la grosseur d'un haricot, est prélevé par petits fragments en différents points de la masse, ou sur l'ensemble des matières intimement mélangées au préalable.

On le traite par du chloroforme (2) ou par de l'alcool amylique, ou encore par l'éther acétique ; on triture longuement dans un verre à expérience, à l'aide d'un agitateur de verre, les selles avec le dissolvant choisi.

La solution est décantée avec précaution et filtrée sur un petit tampon de coton hydrophile.

A) Dans cette solution on caractérise :

a) l'hydrobilirubine
1° par sa bande d'absorption entre F et b.
2° par sa fluorescence immédiate avec la solution alcoolique d'acétate de zinc à 1 p. 1.000.

b) le chromogène..
1° par addition d'une goutte d'acide azotique pour 2^{cm3} environ de liqueur (action rapide).
2° par addition de quelques gouttes de solution de sublimé saturée (action lente).

Le résidu des selles est lavé complètement avec le dissolvant ayant servi à extraire le chromogène et l'hydrobilirubine. On laisse évaporer quelques instants à l'air libre ; puis on dilue dans un peu d'eau distillée, et on ajoute la solution ammoniacale indiquée précédemment pour la recherche des pigments biliaires primitifs (page 54).

B. On caractérise dans cette solution aqueuse, après cen-

(1) Rousselet. Chim. intest. des graisses alim. et leur dosage en coprologie, p. 37, *Thèse de Paris*, 1909.
(2) Je conseille de choisir le chloroforme, dont l'emploi est moins désagréable que celui de l'éther acétique ou de l'alcool amylique. Ces deux liquides émettent des vapeurs qui incommodent beaucoup l'opérateur.

trifugation, les pigments biliaires, par le procédé utilisé par M. Grimbert pour les urines et que j'ai appliqué aux matières fécales (chapitre IV, p. 55).

Quel avantage y a-t-il à opérer successivement sur deux extraits différents, plutôt que d'exécuter toutes les réactions uniquement sur l'extrait aqueux ? C'est que, si les pigments primitifs sont en faible quantité et que l'on cherche à les déceler par la méthode de Schmidt ou par celle de Triboulet, ils peuvent passer inaperçus.

Ils se trouvent, en effet, masqués par l'hydrobilirubine et le chromogène qui donnent à la réaction une coloration plus intense que celle donnée dans ce cas par la biliverdine.

Pour une recherche rapide des pigments réduits, on pourra encore utiliser la réaction directe par l'alcool et l'acétate de zinc. (Méthode de Schlesinger modifiée.)

CONCLUSIONS

I. — J'ai démontré la présence dans le *méconium*, d'un pigment qui n'avait pas été signalé jusqu'ici dans les matières fécales, *l'hématoporphyrine*. L'intérêt de ce fait consiste en ce que *l'hématoporphyrine* représente un terme intermédiaire entre l'hémoglobine et la bilirubine.

II. — J'ai confirmé que *l'hydrobilirubine* s'élimine presque complètement sous la forme de *chromogène;* en effet, on trouve rarement de *l'hydrobilirubine en nature* dans les selles et, quand on en rencontre, il semble que sa présence soit due à la transformation partielle du *chromogène*, par réoxydation.

III. — Mes recherches me permettent d'affirmer que, à côté de l'hydrobilirubine et du chromogène, on retrouve dans les matières fécales une troisième forme de pigment réduit : les *hydrobilirubinates alcalins*.

IV. — Les méthodes connues de *recherche* de pigments biliaires (bilirubine et biliverdine) sont nombreuses. La réaction de Gmelin, quoique classique, est à rejeter entièrement, car elle n'offre aucune sécurité. Selon moi, le procédé le plus simple et le plus exact consiste à appliquer la méthode indiquée par M. Grimbert pour les urines, suivant une technique que j'ai cherché à préciser.

V. — Dans l'application des différentes réactions connues, à la recherche des pigments biliaires, j'ai confirmé qu'on pouvait obtenir artificiellement *l'hydrobilirubine*, en partant de la *bilirubine*.

VI. — J'ai étudié tout spécialement *l'action du bichlorure* de *mercure* sur les pigments réduits (hydrobilirubine, chromogène, hydrobilirubinates). En comparant les deux techniques où il intervient, celle de Schmidt et celle de Triboulet, j'ai établi que la réaction diffère suivant qu'on a affaire à *l'hydrobilirubine*, ou à son *chromogène*.

VII. — Le *réactif de Denigès* peut être utilisé pour la recherche de l'hydrobilirubine, dans les matières fécales, aussi bien que dans les urines, et la technique à suivre est la même. Mais j'ai montré pourquoi il était nécessaire d'employer *l'alcool amylique* pour séparer le pigment libéré ; celui-ci en effet ayant plus d'affinité pour la solution aqueuse acide, le chloroforme ne peut le dissoudre qu'en faible quantité. *L'alcool amylique*, au contraire, en se saturant d'acide, dissout entièrement le pigment.

VIII. — J'ai proposé un moyen simple d'évaluer approximativement la *quantité d'hydrobilirubine*, dans les selles, en ayant recours au bichlorure de mercure. Ce sel réagit sur la totalité du pigment réduit (hydrobilirubine, chromogène, hydrobilirubinates).

Quant aux méthodes de dosage qui ont été publiées jusqu'ici, elles n'offrent pas les garanties suffisantes qui permettent de conseiller leur emploi dans les laboratoires ; du reste, une détermination rigoureuse de la quantité de pigment éliminé ne paraît offrir actuellement, pour le clinicien, aucun intérêt pratique appréciable.

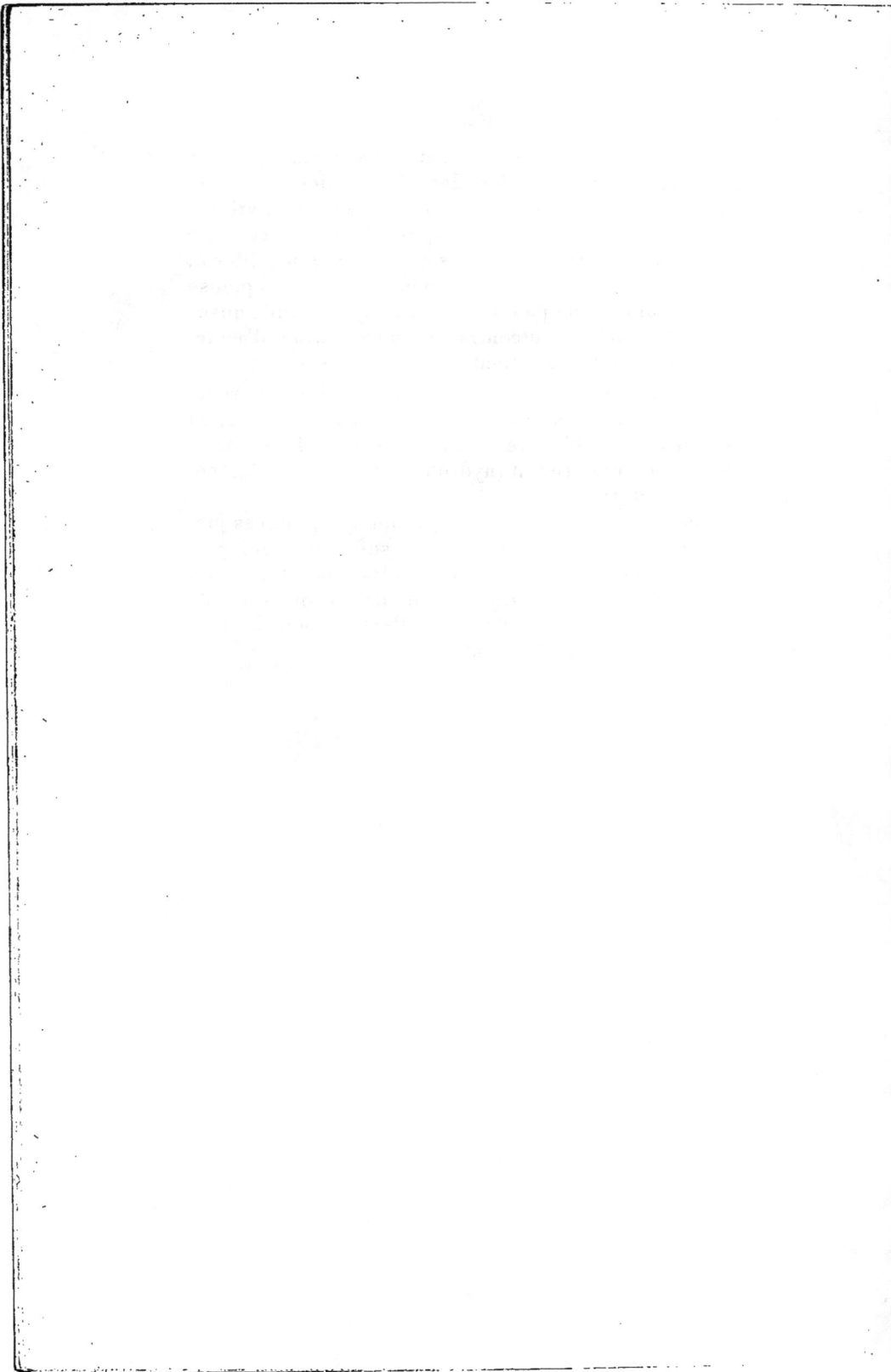

BIBLIOGRAPHIE

ARTHUS. — *Précis de Chimie physiologique*, 1908.

BECK. — *Wiener Klin. Woch.*, 29 août 1895.

BIERRY et RANC. — *Comptes rendus de la Société de Biologie*, t. LXIII, décembre 1907.

BORRIEN. — *Comptes rendus de la Société de Biologie*, 16 avril 1910.

BORRIEN. — *Comptes rendus de la Société de Biologie*, 2 juillet 1910.

BORRIEN. — *Journal de Pharmacie et de Chimie*, p. 59, 16 janvier 1911.

BOUCHARD. — *Leçons sur les auto-intoxications*, 1887.

BRISSAUD et BAUER. — Recherches expérimentales sur les relations entre l'élimination des pigments biliaires de l'urobiline et de l'urobilinogène chez le lapin, *Société de Biologie*, 9 mai 1908.

CAWADIAS. — L'examen fonctionnel de l'intestin par l'étude des fèces *Progrès médical*, mai 1910.

CHAUFFARD et RENDU. — L'Urobiline fécale et sa valeur clinique, *Presse médicale*, 28 août 1907.

COMBE. — *Auto-intoxication intestinale*, 1909.

DASTRE. — *Dictionnaire de Physiologie* (article Bile), t. II, 1897.

DEMARÇAY. — *Annales de Chimie et de Physiologie*, t. 67.

DESCOMPS. — Sur un nouveau procédé de dosage de l'urobiline et de la stercobiline, *Thèse de Paris*, 1910.

DURAND. — Urobiline, Procédés de recherche, *Progrès médical*, 22 janvier 1910.

EHRLICH. — *Zentralblatt. f. Klin. méd.*, IV, p. 721.

GARROD. — *Journal of Physiology*, XIII et XVII.

GAULTIER. — *Précis de Coprologie clinique*, 1907.

GAUTIER. — *Leçons de Chimie biologique*, 1897.

GERHARDT. — *Zeitschr. f. Klin. méd.*, 1897.

GILBERT et HERSCHER. — La Stercobiline, *Presse médicale*, août 1908.

GILBERT et HERSCHER. — La Cholémie physiologique, *Presse médicale*, mars et avril 1906.

GRIMBERT. — Recherche de l'Urobiline dans les urines, *Comptes rendus de la Société de Biologie*, t. LVI, p. 599, 1904. *Journal de Pharmacie et de Chimie*, t. XIX, p. 425, 1904.

GRIMBERT. — Recherche des Pigments biliaires dans l'urine, *Comptes rendus de la Société de Biologie*, t. LVII, p. 346, 1905. *Journal de Pharm. et Chim.*, p. 487, 1905.

Guiart et Grimbert. — *Diagn. chim. microsc. et parasitol.*, 1908.
Hammarsten. — *Skand. Archiv.*, III, p. 325.
Hammarsten. — *Lerbuch der Physiol.*, *Chemie*, Wiesbaden, 1889.
Hanot. — *Semaine médicale*, 1895.
Hari. — *Vergl. Boas Diagn. und Therap. der Darmkr.*, Leipzig, 1896.
Hedenius. — *Meth. zum Nachw. der Gallenf. in ikter. Flüssigk.*, Upsala Läkare för. 29 ; 541.
Herscher. — Origine rénale de l'Urobiline, *Thèse de Paris*, 1902.
Hoppe-Seyler. — *Deutsch. Chem. Gesellsch.*, 1874.
Hoppe-Seyler. — *Zeit Physiolog. Chem.*, XIII, p. 497.
Huppert. — *Arch. f. Heilkunde*, VIII, p. 351 et 476.
Jacksch. — *Manuel de Diagnostic des maladies internes*, 1888.
Krukenberg. — *Grundriss. der Medrusch. Chem. anal.*, Heidelberg, 1888.
Lemaire. — L'Urobiline, sa valeur sémiologique, *Thèse de Paris*, 1905.
Létienne. — De la Bile à l'état pathologique, *Thèse de Paris*, 1891.
Lifschutz. — *Wratsch.*, 1907.
Mac Munn. — *The Journal of physiology*, XI, 1890.
Morat et Doyon. — *Traité de Physiologie*, 1900.
Morel. — *Précis de Technique chimique*, 1909.
Muller et Gerhardt. — *Verhandlungen der Schlesis. Gesellsch. f. vaterl. cult.*, 1892.
Nakayama. — *Zeit. Phys. Chem.*, XXXVI, p. 398.
Nencki et Sieber. — *Unters. über d. Blutfarbstoff. arch. f. exper. path. und pharm.*, XVIII, 1884.
Nencki et Zaleski. — *Zeit physiol. Chem.*, XXX, p. 423.
Neubauer et Vogel. — *Analyse des urines*, revue par Huppert, 1898.
Pisenti. — *Arch. per la Sienze mediche*, n° 10, 1885.
Quioc. — Examen fonctionnel de la sécrétion biliaire chez le nourrisson, *Thèse de Paris*, 1909.
Riva. — *Cong. ital. de méd. int.*, octobre 1909.
Riva et Zoya. — *Arch. ital. de Biologie*, XIX, fasc. 3.
Rosin. — *Klin. Woschensch.*, 1893.
Rousselet. — Chim. int. des graisses alim. et leur dosage en Coprologie, *Thèse de Paris*, mai 1909.
Salkowski. — *Arch. f. path. Anat.*, CIX, 2, 1887.
Salkowski. — *Prakticum der Phys. und Path. Chem.*, 1893.
Sarcinelli. — *Rivista critica di clinica médica*, décembre 1909.
Schlesinger. — *Journal médical de Bruxelles*, 25 novembre 1907.
Schmidt. — *Examen fonctionnel de l'intestin par le régime d'épreuve*, 1909.
Schmidt et Strasburger. — *Die Fœces des Menschen*, Berlin, 1901-1902.
Schmidt. — *Verhandl. d. Congress. f. inn. Médic.*, 13 Bd., 1896.
Staedler. — *Viertelj. d. nat. Gesel. in Zürich*, t. VIII, 1863.

STAEDLER. — *Ann. der Chim. und Pharm.*, t. 132, p. 323.

STEENSMA. — *Uber die Unters. der Fäzes auf Urobilin.*, Nederl. Tijdsc. vor Geneeskunde, janvier 1907.

TRIBOULET. — *Société de Pédiatrie*, février 1909.

TRIBOULET. — *La Clinique infantile*, n° 6 mars 1909.

TRIBOULET. — Exploration clinique des voies biliaires et de l'intestin par la réaction du sublimé acétique sur les selles, *Bulletin de la Soc. de l'Int. des Hôp. de Paris*, juillet 1909.

VANLAIR et MASIUS. — *Centralb. für die Médic. Wissenschaften*, 1871.

WURTZ. — *Dictionnaire de Chimie pure et appliquée*, 1874, 1878.

ZWEIFEL. — *Arch. f. Gynaekol.*, 1875.

PARIS. — IMPRIMERIE LEVÉ, 17, RUE CASSETTE.

www.ingramcontent.com/pod-product-compliance
Lightning Source LLC
Chambersburg PA
CBHW050614210326
41521CB00008B/1255